尽善尽美 弗求弗迪

李卫朋◎著

電子工業出版社
Publishing House of Electronics Industry
北京·BEIJING

图书在版编目（CIP）数据

硬件产品经理 / 李卫朋著 . —北京：电子工业出版社，2023.8

ISBN 978-7-121-45736-4

Ⅰ . ①硬… Ⅱ . ①李… Ⅲ . ①硬件—产品设计—产品管理 Ⅳ . ① TP330.3

中国国家版本馆 CIP 数据核字（2023）第 103979 号

责任编辑：黄益聪　　　　特约编辑：田学清
印　　刷：三河市鑫金马印装有限公司
装　　订：三河市鑫金马印装有限公司
出版发行：电子工业出版社
　　　　　北京市海淀区万寿路 173 信箱　　　　邮编：100036
开　　本：720×1000　1/16　印张：17.25　字数：282 千字
版　　次：2023 年 8 月第 1 版
印　　次：2023 年 8 月第 1 次印刷
定　　价：79.00 元

凡所购买电子工业出版社图书有缺损问题，请向购买书店调换。若书店售缺，请与本社发行部联系，联系及邮购电话：（010）88254888，88258888。

质量投诉请发邮件至 zlts@phei.com.cn，盗版侵权举报请发邮件至 dbqq@phei.com.cn。

本书咨询联系方式：（010）57565890，meidipub@phei.com.cn。

导读

在完成多款硬件产品从设计到推向市场后，笔者于2020年开始在产品开发领域的平台输出与硬件相关的内容。在这个过程中，笔者经常收到读者朋友们的留言，大家希望笔者能推荐一些与硬件相关的书籍或资料。

其实，笔者在刚开始做硬件产品时走过同样的路，只要跟硬件产品相关的书籍几乎照单全收，但是关于硬件产品经理的资料却少得可怜。本书的目标是希望对硬件产品涉及的内容进行覆盖性的讲解，通过尽量少的文字讲明白硬件产品各领域涉及的知识点，同时将系统框架梳理清楚。

硬件产品只是一个载体，它涉及的外围知识点很繁杂，主要包含以下内容。

（1）工业设计：需要懂一些外观造型设计及工艺的知识与技能。

（2）结构工艺：各种材料、注塑工艺、结构的量产性，以及开模等内容。

（3）电子：标准电子选型、方案选择，以及各种芯片的优劣。

（4）固件：围绕芯片的软件开发，会涉及开发周期。

（5）应用开发：需要知道应用程序的开发周期，以及硬件联调的时间点。

（6）服务器：现在的智能硬件一般都有后台，需要硬件端与应用端做好配合。

与软件开发不同，硬件产品具有研发周期长、成本高的特性。同时，互联网硬件产品通常会同时集成板载固件、云平台和移动软件。随着开发设计的深入，硬件产品不可能进行快速迭代更新，也无法承受需求的反复变更，整体开发设计会偏向传统的瀑布式流程。

从对硬件产品的基础整合人员到成长为顶级的产品经理，你一般会经历如下几个阶段。

（1）空白阶段：刚开始的时候，你对整个产品、整个开发过程不熟悉，大脑可能处于空白状态。

（2）初步了解：经历了一个完整的产品开发流程之后，你会初步形成标准流程，初步具备资源调动的能力。

（3）小试身手：经历 3 ～ 4 款产品开发之后，你开始做市场调研，并主导进行外观设计、结构设计、硬件设计、软件设计等协调沟通，熟练掌握产品开发流程，形成自己的策略。

（4）深耕：做了多个产品之后，中间可能有一款产品大获成功，市场反馈非常好，通过复盘总结，你可以把握硬件的每个发展周期。如果遇到瓶颈，你就需要向更细分的领域进行突破。

那么，如何阅读本书呢？鉴于硬件产品的特殊性，不同产品阶段的时间间隔往往比较长，而且涉及的专业知识的差异性很大，读者可以根据自己负责产品的阶段选择相应章节来阅读。本书的基本框架内容如下图所示。

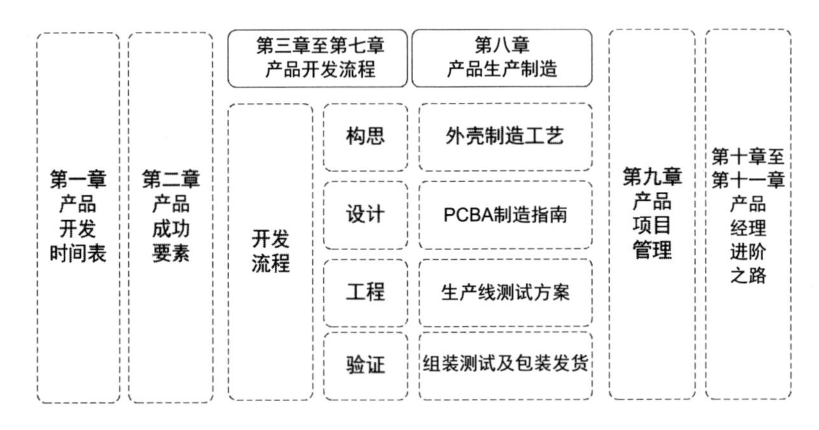

本书的基本框架内容

第一章主要介绍产品开发对时间周期的依赖。如果你准备启动一款新的硬件产品的开发，就必须提前做好时间规划。

第二章主要介绍影响硬件产品成功的 3 个关键要素。以一款笔者曾经负责设计的硬件产品为例，带大家建立起对硬件产品设计的全面认知。

第三章至第七章详细讲解了硬件产品的整个开发流程，从产生创意到推向市场，每一个环节都至关重要。

第八章详细介绍了与产品生产制造相关的内容。如果你设计的产品无法在工厂制造，那么前期的努力就白费了。

第九章介绍了端到端的产品项目管理。在项目开发过程中，意外事故随时都可能发生，产品项目管理至关重要。

第十章至第十一章从硬件产品经理和职业发展的角度出发，带你认识产品经理从 0 到 1 的进阶之路。

本书涉及的辅助工具和拓展内容，可以参阅笔者的微信公众号“产品人卫朋”（ID：pm-wsir）。

作为一本硬件产品经理进阶的书籍，笔者尽量在技术原理、行业知识、产品设计 3 个方面进行权衡，不过分偏重技术但又避免只讲表面知识。对于技术和设计细节的学习，读者可以参阅行业书籍或笔者的技术博客。

目录

第四章　产品开发流程之构思

第五章　产品开发流程之设计

第六章　产品开发流程之工程

第七章 产品开发流程之验证

第八章　产品生产制造

第九章　产品项目管理

第十章　产品经理的核心素质

第一章
产品开发时间表

对于开发一款全新的硬件产品而言，一般需要一年半到两年的时间才能将其推向市场。在此基础上，预计需要一年左右的时间，你才能获得足够的收入来支付员工的薪酬，并且对公司进行再投资。

你的产品越复杂，开发和制造它花费的时间就越长。通过某些选择，你也许可以节省几个星期的时间，但是通常会产生比预期更多的问题。新产品进入市场的时间很大程度上取决于你的资源和能力。例如，如果你具备开展技术开发工作的技能，就可以节省很多时间和资金成本。以笔者的经验来看，如果你致力于打造一款引爆市场的消费类产品，那么最好拥有自己的开发团队。

本章的核心内容为产品开发关键变量及阶段，如图 1-1 所示。

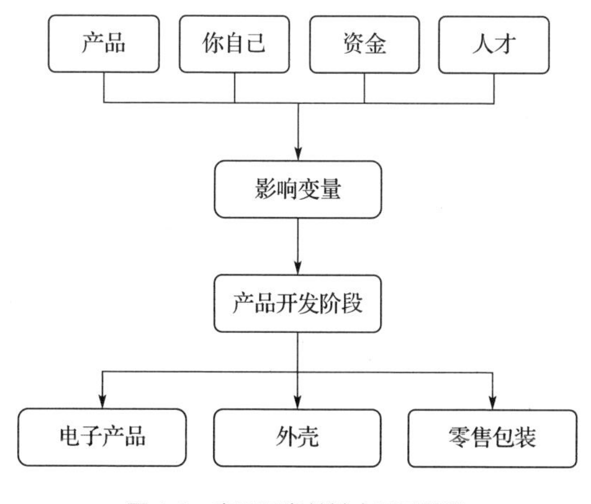

图 1-1　产品开发关键变量及阶段

无论你有多少经验，新硬件产品的开发都会比最初预估的时间长得多，本节的内容旨在帮助你更精确地缩小预估的误差范围。

确定产品上市所需要的时间有两个关键变量，分别是产品的复杂性和你的需求及能力，包括你的技能、资金、可用时间、动机等。

本章将分解产品开发的所有阶段，以创建一个大致的产品时间表，这将帮助你更实际地预测产品应该何时投放市场，这是你可以利用的重要战术优势。但是硬件启动是一个漫长的过程，仍然会存在很多变量，从而可能导致你无法准确预测开发产品所需要的时间。

有哪些变量会影响将新硬件产品推向市场的进度呢？

第一节　影响上市进度的关键：产品

一、变量一：产品

决定产品上市时间的关键变量是产品，产品越复杂，开发和制造所需要的时间越长。产品的复杂性可能成为初创企业的致命陷阱，简化产品有助于让你在预算内将产品准时推向市场。

每一个功能不管大小，其开发都是有代价的，开发起来可能很费时，也可能花费很多的金钱。只有保持开发和制造过程的简单，你才有可能拥有更少的问题点和更优质的产品。很多企业家甚至工程师都不了解添加产品功能所带来的全部结果，即使添加次要功能，通常也会大大增加开发成本和上市时间。

例如，笔者曾负责一款指纹加密U盘产品，在试模的过程中发现，将电路板装配到塑胶件后会出现松动的问题，虽然最后只是调整了一下结构上的定位柱就解决了问题，但是需要更改注塑模具，多花费几千元的同时浪费了一周的时间。因此，你需要了解整个开发和制造过程，否则很难知道每款产品决策的未来含义。

如果你采用产品开发外包的方式做产品，请外包公司的开发人员帮助你简化产品则可能引发利益冲突。因为产品越复杂，他们得到的收益越多，反之越少。外包开发会存在不可控的缺点，笔者就曾多次将外观及结构设计外包给个人或企业，其间甚至遇到设计师失联的情况，最终导致产品开发严重延期。

对于消费类的初创硬件公司而言，花点时间招聘经验丰富的电子工程师和结构工程师是一件很有必要的事情，他们能在产品后期帮助你减少很多麻烦，简化产品也相对容易，而且有利于你更好地了解早期产品决策的长期影响。

产品的复杂性对于初创硬件公司来说是一个巨大的黑洞，将简单的产品推向市场已经足够困难了，而将复杂的产品推向市场则困难得多。在将产品真正投放市场之前，你不会拥有经过验证的产品创意，并且你不会看到消费者的真正需求。

知道消费者的真正需求的唯一方法是向他们出售你的产品并获得他们的反馈。你可以根据反馈创建他们真正想要购买的产品。你需要集中精力，以最快的速度将最简单的产品推向市场，使用来自用户的反馈持续微调产品，包括实现用户真正想要的功能。

比如猫王收音机最初的几款产品都是先在京东众筹平台上进行预售的，结果发现“80 后”“90 后”的反响很好，这些用户不仅会免费在朋友圈帮这几款产品做宣传，还能为产品带来更多的众筹订单。这样的方式可以让产品在第一时间收到用户的产品反馈，如果在产品推广期间出现音质或质量问题，那么卖方可以及时处理，以提高用户体验。

如果你不具备正确管理产品开发和判断工作质量的技术知识，那么无论你使用哪种开发策略，都必须拥有技术顾问。技术顾问可以帮助你做出关键的技术决策，并对主要的开发人员进行监督。即使你是一位经验丰富的工程师，聘请一位了解从创意到市场整个过程的技术顾问也是必要的。

开发新硬件产品基本上有以下 5 种选择 .

（一）自己开发产品

很少有人会完全依靠自己来开发面向市场的电子产品，即使你恰好是工程师，也不一定是电子设计、编程、3D 建模，乃至注塑和制造方面的专家。但是，如果你具备必要的技能，会对节省成本大有裨益。

例如，笔者曾将自己的硬件产品推向市场，虽然笔者是一位电子工程师，但是由于不懂结构设计，就从外面找了一位兼职结构工程师。在开发设计的过程中会出现很多问题，而工程师又无法做出决定。因此，我们需要学习结构设计。

上述例子意在表明，在技能和时间允许的范围内应尽可能多地学习，但不要过度。因为你学习任何新技能都会花费时间，最终可能延长产品上市的时间。

（二）聘请技术联合创始人

如果你不是技术创始人，那么最好聘请技术联合创始人。在创业团队中，需要有至少一位创始人对产品开发有足够的了解以便于管理流程。

对于大多数初创硬件公司而言，理想的联合创始人是硬件工程师、程序员和营销人员。聘请联合创始人听起来可能是解决问题的完美方案，但是有一些严重的缺点。例如，找到联合创始人很困难，可能要花费大量的时间。

（三）外包给自由工程师

填补团队技术能力空白的最好方法之一就是外包给自由工程师，大多数产品开发工作需要具有不同专业的多个工程师，因此你需要自己管理各个工程师。

确保找到一位具有设计产品所需的电子类型经验的电气工程师十分重要，电气工程是一个巨大的研究领域，在实践中许多工程师缺乏电路设计方面的经验。此外，确保找到一位具有注塑技术经验的结构工程师，否则你最终可能得到的是可以进行原型制作但不能批量生产的产品。

（四）外包给开发公司

初创企业应避免聘请大型设计公司，大型设计公司可能会收取几十万元以上的费用来全面开发你的新产品。市场上有很多小的设计公司可以以更合理的价格开发你的产品，聘请这些规模较小的设计公司的成本通常接近聘请自由职业者的成本，同时具有更多的监督和更好的质量程序保障。

（五）与制造商合作

还有一种产品开发途径，是与生产相似产品的制造商合作。大型制造商拥有自己的工程师和开发部门，他们能够为你做任何事情，包括开发工程、原型制作、模具生产和制造等。此策略可以降低你前期的开发成本，但是制造商将摊销这些成本，这意味着在首次生产运行时会为每种产品增加额外的成本。

从本质上讲，这类似于无息贷款，使你可以缓慢地将开发成本“偿还”给制造商。此策略要考虑的主要风险是，你要将与产品相关的所有内容放到一家公司。它们肯定想要一份独家制造协议，至少要等到其成本收回为止。

这意味着当你的产量增加时，将无法选择更便宜的制造选项，许多制造商可能希望获得你的产品的部分或全部知识产权。

二、变量二：你自己

如果你具备开发产品所有必要的技能，那么自己动手做是最快的产品上市方式。

笔者曾经在一家消费类智能硬件企业工作，作为一家初创企业，在前期，CEO 和 CTO 亲自上手搭建面包板电路、写代码、确定产品外观及 UI 设计，生产阶段亲自跑工厂。经过两年多的时间，他们从硬件小白转变为领域的资深人士，待产品流程完全走顺后，他们才将更多的精力转向市场和管理层面。

首先，对于消费类电子产品来说，外观至关重要，亲自进行产品设计的积极影响更重要，因为要获得正确的产品外观需要进行大量的沟通，没有人能像一位有远见的企业家那样兴奋地工作。其次，知识就是力量，学得越多，就越有可能成功，这也是笔者所在的企业在后期实现指数级增长的原因。

第二节 影响产品上市的变量：资金

资金的不合理使用很可能增加产品的上市时间，笔者在做某智能锁产品时，由于实行扩张策略使大量运营资金投入组装工厂的建设，而此时产品还未实现稳定出货，无法产生足够的回笼资金，导致资金链断裂，差点使产品失败。

硬件产品是一项现金流业务，外观设计需要资金、研发设计需要资金、进入市场需要资金、扩展公司规模需要资金等。这意味着你的资金策略是仅次于产品设计的第二个重要内容。尤其是在硬件产品的生产阶段，你需要投入大量的资金。即使你设计了打动人心的产品，如果不能生产，就是徒劳的。缺乏足够的资金会使你无法满足用户的需求，你的资金策略对你的生存至关重要。

一、获得启动资金的途径

最快的启动资金的途径是出色并迅速地完成一个核心功能，具体来讲，就是高效完成硬件的最小可行产品。一般情况下，对于简单的硬件产品，其最小可行产品从研发到上市的费用为几十万元。当然，具体的费用同产品的技术实现难度和工艺的复杂程度息息相关，其他成本包括工具、工程、设计、品牌和人员投入等。

如果超出预算，就需要考虑限制部分功能。尤其是在企业初创阶段，你需要保持产品足够简单来降低现金流断裂的风险。

二、筹集初始资金的方式

（1）通过亲密关系筹集 50 万元至 100 万元是一个不错的资金起点。亲密关系一般是指朋友和家人，有了初始资金，就可以通过创建可靠的原型来验证你的想法了。

（2）与供应商合作降低成本。硬件产品的各项具体费用与产品的复杂性相关。一般情况下，配套工具和产品认证服务可能需要花费 10 万元至 20 万元，工程服务可能需要花费 10 万元，测试工装夹具需要花费 10 万元等。为了最大限度地减少对现金的需求，你需要与供应商协商，将这些费用计入产品的单位成本中。这样会极大地减轻你的资金压力。

（3）你需要工业设计师和工程人员才能生产优质的产品。如果你的团队中缺少这样的人员，可以将设计与开发外包给个人或设计公司。

（4）预售产品可以带来可观的现金流。只有在你对供应商和时间节点有了深刻了解之后，才可以预售产品。

（5）许多硬件企业家认为天使投资人会在产品达到发展里程碑时向他们提供资金，而在现实中，这是几乎不可能的，因为大多数的硬件原型看起来像废品。除非你们之间已建立关系，否则与天使投资人接触的最佳时机是建立产品原型并且具备盈利能力之后。

（6）众筹股权。你可以公开募集资金，因此你的客户都将成为股权资本的潜在来源。这种形式的融资虽然仍处于起步阶段，但是意味着你的产品在媒体关注度和客户兴趣方面都有很大的潜力。

（7）风险投资。根据产品原型的质量和预售的趋势，有少量资金参与种子轮融资。

三、成品 / 市场契合度

现在你的产品已经上市，你可以开始考虑需要多少资金才能适应市场，这是验证你拥有可盈利、可重复的商业模式的重要里程碑。

产品 / 市场契合度是指产品和市场实现最佳融合的契合点，你提供的产品正好满足市场的需求，令客户满意，这是创业成功的第一步。

初创企业需要做的最重要的事是尽快找到产品 / 市场契合度，你可以通过一些数据，比如客户的增加、访问量及转化量、社交网络上的评论等，判断一家企业是否找到了产品 / 市场契合度。

当然，你可以做一些定量分析，通过向你的客户提出以下 3 个问题来获取更多的信息。

第一，如果不能再使用某产品，你感觉怎么样？

A．非常失望

B．有点失望

C．没有感觉

第二，你最喜欢某产品的哪一点？

第三，我们应当如何改进某产品？

一般而言，30 ～ 100 个受访者就可以为你提供很多信息。

在第一个问题中，如果超过 40% 的受访者认为非常失望，那么恭喜你，因为这说明你的产品 / 市场契合度比较高。你可以进一步分析这个群体的结构，并可以通过市场推广的方法扩大市场份额。

在第一个问题中，如果低于 40% 的受访者认为非常失望，那么你需要进一步分析大概有多少受访者感觉有点失望，他们最喜欢产品的哪一点，他们认为应该如何改进产品等。这些信息可以帮助你尽量转化这些受访者，让他们变成忠实客户。

是否可以筹集适当数量的资金取决于产品的复杂性，以及获得新客户的成本。根据一般的经验法则，可能需要 1000 万元以内的资金来实现最佳的产品 / 市场契合度。

你应该考虑以下内容，计算出正确的资本额度。

（一）产品

交付最小可行产品后，你需要快速跟进第二个版本，以修复所有的错误和不良的客户互动，你需要计算出相应的人员数量和生产成本。

（二）客户喜爱

达到产品 / 市场契合度的关键是拥有忠实客户，你需要了解如何充分利用现有的客户，包括提供出色的客户支持。

（三）获客成本

成功开展硬件业务的最困难部分之一是获客成本。随着移动互联网的发展，渠道逐渐移至线上。移动互联网的核心竞争是获客成本的竞争，获客成本越低，企业越有竞争力。

随着移动互联网竞争的加剧，获客成本从最初的几元上升到现在的几百元，还有继续上升的趋势，最可怕的是，用户对这种获客成本没有丝毫感知。

这就需要进行商业模式上的创新。相比于软件产品，人们在硬件上花钱比在软件上花钱能带来更多的心理上的舒适感，硬件的获客成本更低。对于企业最终要支付的获客成本，硬件公司可以非常迅速地收回成本，这是小米公司商业模式最成功的一点。

在实践中可见，有些公司实际上是伪装成硬件公司的软件公司，它们的大部分精力放在了产品和业务的数字化方面。随着软件融入产品方程式中，软件服务变得更难复制，它们可以增加转换成本，并提供更多与消费者互动和创建品牌的机会。

（四）有限分销

实现产品与市场的完美契合与建立成功的零售渠道无关，需要限制在零售渠道中的投资。创建零售实体店需要聘请有经验的人员和进行大量的培训投资，这将使你的现金流紧张，从而延误付款条件，最终降低利润。

（五）营运资金

当产品发展为可盈利的业务时，管理现金流就显得至关重要。继续与你的供应商合作改善付款条件，这对最大限度地降低现金需求至关重要。

（六）其他包括天使投资、风险投资等

对于初创企业而言，尽可能早地验证产品 / 市场契合度对于获取投资至关重要。因为风险资本更愿意投资一个产品与市场匹配的企业，这样有助于它们更大程度地降低风险。

四、扩展公司规模

如果公司发展到这个阶段，那么此时你对推动业务发展的情况已经有了充分的了解。从现在开始，你对公司未来的愿景将极大地改变发展业务所需的资金量。

筹集资金包括几个方向。

（1）现金流量：如果你不想成为细分市场的领导者，就需要继续优化现金流以保持业务发展，同时必须不断地创新产品并创造出具有黏性的品牌体验。

（2）供应商投资：通过现有的供应商或新供应商，可以探索它们对你的业务的投资。

（3）风险投资：假设你具有产品、技术和市场优势，你必须提出一种赢得该市场的业务模式。

（4）战略投资者：在所有类型的战略关系中，战略投资者似乎是首选的合作伙伴。

硬件产品可以带来现金流，你可以通过以下步骤来创建一家规模小、利润可观、产品出色的公司。

步骤 1：使用传统的客户开发方法来研究要关注的问题和解决方案。

步骤 2：通过家庭、朋友、种子融资的方式获取启动资金，通常为 300 万元至 1000 万元。

步骤 3：完成所有艰巨的工作——客户开发、聘请团队、构建产品、设计分销策略等。

步骤 4：准备在 3 个月内发货，将众筹用作产品发布平台。

步骤 5：交付产品并使客户满意。

步骤 6：采取实际的零售 / 分销策略。

第三节　影响产品上市的变量：人才

一、主设计师 + 独立工程师

开发硬件产品首先要做的事情就是招募人才，但是寻找优秀的工程师非常具有挑战性，而评估这些工程师的素质则更加困难。尤其是针对互联网转型做硬件产品的企业来说，如果你不是电子工程师或机械工程师，就很难评估其他工程师的经验或工作质量。

笔者在做某智能锁产品时，公司为了招募一位合格的嵌入式固件开发工程师，面试了两年多的时间，而在这两年多的时间里，CEO、CTO 只能亲自上阵写代码。

初创企业处于生死线上，往往没有多余的时间和精力来培养应届生，更有效的做法是招聘有经验的工程师。由于智能锁需要结构件，而公司又没有懂结构的工程师，招聘了好几个人。其中招聘过一位结构工程师，他虽然有工作经验，但是抱着打工的心态，不能融入创业团队，遇到问题总是抱着“甩锅”的态度，经常和其他的同事发生冲突。虽然他能很快地做出产品，但是公司需要的是一个有激情的、能做出极致产品的人才，公司反复思考了很久，最后还是放弃了他。

与医学一样，电气及机械工程是一个广泛的研究领域，拥有十分广泛的专业知识。如果你聘用了不合格的工程师，那么你的项目可能会花费两倍的时间、两倍的成本，最终的结果可能是产品原型都无法正常工作。

在产品开发领域有一条基本原则，即“越早发现问题，代价越小”。产品开发在很大程度上是一个尽快发现问题的过程，而工程师在启动产品开发时就已经参与了产品的生命周期。

产品开发过程中发生的“意外”几乎都是负面的，比如“设计中使用的电源芯片不能正常工作”“没有一家厂商能为设计的外壳做出模具”等。这些“意外”往往要求采用新的电源芯片，或者重新设计容易制作模具的外壳。

在产品开发初期进行改动是比较容易的。因此，在产品开发之初就要做好评审工作。随着产品开发阶段的向前推进，进行改动要付出的代价呈指数级增长。

假设在某些情况下，有一个做外科手术的机器人的执行部件出现故障，没能按照预期移动，这可能引发手术事故。为了降低这种可能性，可以添加一个独立的软硬件系统来监视机器人的动作。当机器人出现问题时，独立的软硬件系统能够向医护人员寻求帮助或直接停止手术。

无论聘用什么工程师，为了保护自己并降低风险，你还需要聘用另一位独立的工程师来审查主设计师的工作。当然，如果你具备较强的学习能力或经验比较丰富，自己做审查也是可以的。通常情况下，由于硬件产品对时间和成本的要求很高，聘用经验较少的低成本工程师很可能带来灾难性的后果。

大多数的电气工程专业毕业的学生很少有设计电路的经验，在大学期间，工科学生将大部分的时间用于分析现有电路，而不是设计新电路。成为一名优秀的设计师需要有多年的实际设计经验，该经验通常无法从教科书中学习得到。对于初创企业而言，从一开始就聘用经验丰富的工程师至关重要。

二、电气工程师的类型

电气工程可以分为许多专业，重要的是，你需要选择一位在项目领域有经验的工程师。你不会要求牙科医生进行脑部手术，因此不要指望所有的电气工程师都具备设计产品所需要的全部技能。

（一）模拟 / 数字电路设计

需要聘用的电气工程师的类型取决于你需要设计的是模拟电路还是数字电路。我们生活在一个模拟世界中，模拟信号是指具有无限多个值的信号，而数字信号仅由 0 和 1 组成。

通常情况下，设计模拟电路比设计数字电路更复杂，这也是现在有那么多电气工程师从事数字电路设计而不从事模拟电路设计的原因。笔者曾经花费了很长时间都没有招聘到一位合格的模拟电路工程师，在开发产品的过程中付出了极大的试错成本。例如，模拟电路设计不合理导致的静电问题，同时，模拟电路设计很难实现自动化，因此必须进行定制设计。

（二）低功率 / 高功率设计

与设计小型移动设备相比，为电力公司设计大功率的电力传输系统需要电气工程师具备完全不同的技能。笔者在大学期间曾参与了某企业关于大型电力检测设备的开发设计工作，产品主要针对上千伏大功率的高压设备。与小型电子设备相比，电气工程师需要掌握更多其他方面的技能，否则就会出现很多难以想象的问题。

（三）高级别 / 低级别设计

低级别的电路设计通常需要电气工程师对原理有更深入的了解，而高级别设计则更多是针对系统。以下是一些电子设计的级别，从最高级别到最低级别分别呈现如下。

（1）开发套件：电子设计的最高水平是使用诸如 Arduino 之类的开发套件，开发套件仅用于早期的原型设计和概念验证。

（2）电子模块：电子模块是经过全面测试和认证的解决方案，同时可以集成到其他产品中。电子模块允许混合设计，可以使用定制电路及一些更复杂的功能模块，比如，许多产品开始使用 Wi-Fi 模块或蓝牙模块。

（3）芯片级：芯片工程师已经解决了所有原理层的、最基本的问题，芯片级设计往往针对产品需要大批量生产的场景。

（4）设备级：一部分产品可能需要使用某些离散级设计方式，这种设计方式使用了很多基本组件，如晶体管。

（5）集成电路：这可能是最低级别的电路设计之一。在设计集成电路时，设计人员在使用基础元器件（比如晶体管、电阻、电容等）的同时，需要考虑半导体的原理问题。

（四）无线通信

如果你的产品设计包含无线组件，那么请聘请具有设计射频电路经验的电气工程师。在非射频电路中，电信号主要跟随 PCB 走线，但是射频信号会在导线外部传播，从而使设计更加复杂。大多数的电气工程师缺乏射频设计方面的经验或相关的知识。

（五）嵌入式系统（微控制器）

几乎所有的现代电子产品都需要一个“大脑”。例如，电饭煲中有一个微控制器芯片，该芯片可以检测你按下的按钮，并根据这些按钮发挥某些功能。

第四节　不同的产品开发阶段所需的时间

如果你的团队中有经验丰富的产品开发人员，由他们来设计中度复杂的产品，那么你应该能在 3 个月内得到第一台样机，最终的工程外观原型则需要 6 ～ 9 个月的时间才能得到。

如果你的团队的产品开发人员缺乏产品开发经验，那么做相同的事可能需要更长的时间。在这种情况下，你必须花钱将产品开发外包，为了支付产品开发外包的费用，你需要花费一些时间来分散成本。

最终呈现的工程外观原型并不意味着它已经准备就绪。通常情况下，你需要花费额外的时间来优化可制造性设计，否则你的产品很可能无法进行批量生产。例如，尽管你可能具有用于原型制作的 3D 打印塑料外壳，但是你需要通过高压注塑成型来进行批量生产，而 3D 打印和高压注塑成型是两种完全不同的工艺。建议你在形成最终原型后再分配 6 ～ 9 个月的时间，以使你的产品能够准备好进行批量生产。在此期间，你还应该注意其他步骤，如获得必要的电气认证。

如果你以最快的方式将产品从概念推向市场，那么大约需要 1 年的时间，该时间适用于理想情况，这意味着你的团队的产品开发人员拥有丰富的开发和制造经验，并且拥有足够的资金，而且你的产品相当简单。对于大多数的初创硬件公司来说，花费 1 年的时间来开发产品，花费 1 年的时间来扩展规模是可以实现的目标。

不同的产品阶段所需的时间可以参考下面的评估方法。

一、阶段一：电子产品

（一）开发系统框图

所需时间：短则 1 小时，长则数周。

系统框图可以使你查看整个系统的体系结构，它可以使你在不了解所有细节的情况下更全面地了解产品设计。

此步骤将花费多长时间取决于你的产品定义文档的详细程度。如果你的产品定义文档很详细，同时你是成熟的开发人员或产品经理，那么你仅需 1 小时左右即可创建系统框图。如果你在开发系统框图时未完全弄清楚产品，那么你会花费更长的时间。

（二）选择关键组件

所需时间：1 ～ 4 周。

大多数的产品开发人员倾向于将系统级设计、组件的选择、电路原理图设计归为一个步骤，但是选型要以整体方案为基准，而原理图要以最终选型为基准，因此最好将其分为 3 个独立的步骤。

在设计原理图之前，为产品选择所有关键组件非常关键，比如微控制器、传感器、显示器等。因为所选择的关键组件会对你未来的利润率产生巨大的影响，尤其是对于利润率低的产品，选择合适的关键组件至关重要。

在选择关键组件时需要注意 3 点：组件成本、可用性、技术支持。

（三）设计电路原理图

所需时间：2 ～ 5 周。

电路原理图是电子电路中组件连接的直观表示，一旦电路原理图设计完成，你就可以通过设计软件输出物料清单（Bill of Material，BOM）。

BOM 将列出电路设计中使用的所有的单个电气组件，如二极管、晶体管等。BOM 将用于最终确定单位总生产成本，是工厂制造需要的核心文件。一旦选择了所有关键组件，你就可以开始估算制造成本了。

（四）设计印刷电路板

所需时间：2 ～ 5 周。

电路原理图只是你设计的硬件概念图，你可以通过设计印刷电路板（Printed Circuit Board，PCB）布局进入现实世界了。PCB 布局使用与电路原理图设计相同的软件，有以下 3 种类型的设计会增加 PCB 布局设计的复杂性和时间。

第一种，定制无线设计。

第二种，高速微处理器设计。

第三种，大功率设计。

如果你的产品属于这 3 种类型中的任何一种，那么 PCB 设计预计将需要更长的时间。

（五）独立设计审查

所需时间：1 ～ 3 周。

一旦完成了 PCB 设计，就应该寻求对设计的独立审查，让工程师评估设计中出现的错误。在继续进行下一步之前，你务必要在设计中查找潜在问题。这可能花费几周的时间，也可能花费几千元，但这将为你节省几个月的时间，并在将来节省数万元，甚至更多的资金。

产品开发的一条规则是，越早发现问题，你就可以越快、越轻松、越便宜地进行纠正。

（六）制作 PCB 原型

所需时间：1 ～ 2 周。

在设计评审之后，如果不需要任何更改了，那么你可以将 PCB 原型发到工厂进行加工，制作 PCB 原型。

（七）开发固件和软件

所需时间：1 ～ 6 个月。

在制作 PCB 原型的过程中，你可以同步开发所需的任何固件和软件。实际上，由于开发板具有广泛的可用性，因此你可以在完成硬件产品设计之前开始开发固件和软件。

此阶段所需的时间很大程度上取决于软件的复杂程度。当然，所需时间还取决于你的产品是否需要移动应用程序、小程序或自定义 PC 软件。对于移动应用程序来说，如果界面很关键，那么开发时间会大大延长。同时，你需要与产品开发人员进行密切的沟通协作，这样会节省大量的时间和费用。

（八）评估和调试 PCB 原型

所需时间：5 周或更长的时间。

在收到最初的 PCB 原型后，你需要彻底地对其进行评估，很有可能还需要对其进行修订。

大多数的 PCB 原型将需要进行某种形式的调整和编辑，由于你无法提前知道确切的问题，因此需要用 5 周或更长的时间来调试 PCB 原型。

你需要的 PCB 原型迭代次数越多，此阶段的时间越长。

二、阶段二：外壳

外壳的开发与电子产品一样耗时。

（一）创建 3D 计算机模型

所需时间：1 ～ 6 个月。

你需要为产品所需的外壳创建 3D 计算机模型。

外壳开发需要的时间很大程度上取决于产品外观的重要性。如果要使产品具有很酷的外观，那么创建其 3D 计算机模型将花费更多的时间。

（二）制作外观原型

所需时间：1 ～ 2 周。

现在可以制作第一批外观原型了。

如果是在工厂制作，预计需要 1 ～ 2 周才能收到外观原型。如果使用 3D 打印机，那么几乎可以立即制作出外观原型。在大多数情况下，你需要进行多次修改设计，购买 3D 打印机可能是一次非常明智的投资。

（三）评估和调试外观原型

所需时间：4 周或更长的时间。

在一般情况下，至少需要 4 周的时间来评估和调试产品的外观原型，所需时间的长短很大程度上取决于最终需要进行多少次迭代。

（四）准备用于批量生产的 3D 模型

所需时间：12 周。

你需要准备外观原型（外壳）的 3D 模型，以便利用高压注塑成型技术进行批量生产。预计需要 1 ～ 3 个月的时间才能准备好需要进行高压注塑成型的产品。

外观原型技术与在大规模生产中使用的高压注塑成型技术有很大的不同。使用 3D 打印机，你几乎可以创建任何东西（可以想象的任何设计或形状），但是高压注塑成型技术有更多的限制。如果从一开始就考虑利用高压注塑成型技术的限制来设计外观原型，那么可以节省大量时间并避免麻烦，这是可制造性设计（Design For Manufacture，DFM）过程的一部分。

三、阶段三：包装

所需时间：1 ～ 4 个月。

如果你只是在线销售产品，那么产品的包装要求就没有那么多挑战了。在这种情况下，包装仅起到一种作用，就是在运输过程中保护产品。你只需要几周的时间即可完成包装设计。

当你在实体零售店中销售产品时，其包装设计则变得更加关键，并且变得更加复杂。在这里，包装必须起到另外一个重要作用，就是说服客户购买产品。

如果你要在零售商店中销售产品，那么零售包装几乎与产品本身一样重要。对于在线销售，你可以购买各种形状和尺寸的库存包装。但是对于零售商店的销售来说，你很可能希望为你的产品创建自定义包装。

如果需要开发塑料定制包装，你就要回到“阶段二：外壳”时遵循的步骤，你的自定义包装将首先以创建 3D 计算机模型开始，然后需要制作外观原型，以及在必要时进行多次调整。包装中的任何定制形状的塑料都需要利用高压注塑成型技术进行生产设计。

第二章
产品成功要素

本章的核心内容是产品成功要素，如图 2-1 所示。

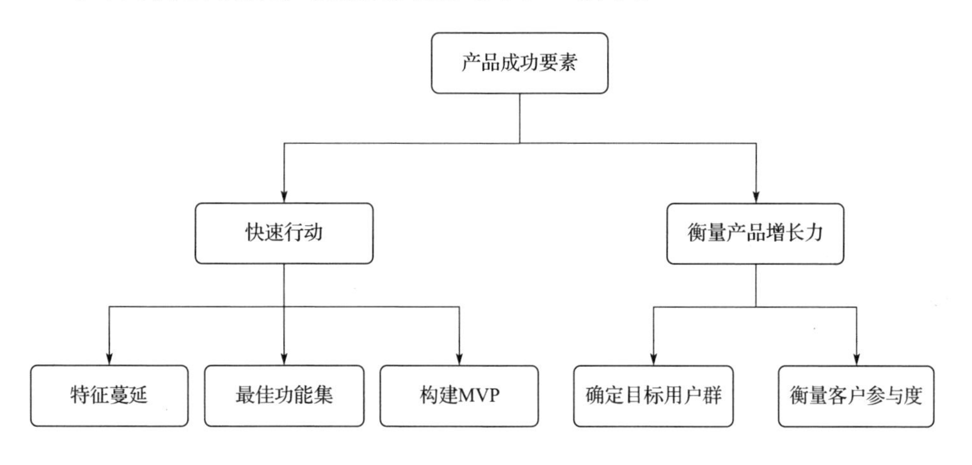

图 2-1　产品成功要素

第一节　要素一：快速行动

硬件产品需要快速迭代和适应，尤其是在产品开发早期，你甚至需要每周制定一个原型目标，从客户那里获取原型反馈，这里会引出最小可行产品的概念。

最小可行产品（Minimum Viable Product，MVP）的概念通常与软件相关联，但是经过一些修改后，它同样适用于硬件。MVP 的思想源于“精益创业”，由埃里克·莱斯提出，基本上可以认为 MVP 是产品的第一个版本，它可以以最小的工作量来收集客户反馈。

通常情况下，这意味着你的产品需要具有足够的功能来满足早期客户的需求。你可以将收集的反馈转化为需求，用于将来的产品开发。

真实客户的反馈比试图猜测客户想要的功能要好得多，借助 MVP 的概念，你可以通过设计一些功能最少的样品来满足早期客户的需求或解决预期的问题。

如图 2-2 所示，你可以使用产品的精简版本来获取更多的信息，找出客户想要并愿意为之付费的特定功能，关键是要具有足以满足早期客户需求的功能。

图 2-2　最小可行产品的迭代过程

初创企业普遍采取的方法是满足客户想要的所有功能。如果产品包括客户想要的所有功能，那么对于企业来说，似乎风险较小，因为管理者认为这将提高销量，但是对于硬件产品来说，增加一个小功能常常意味着增加高昂的成本和时间投入。

笔者在负责某智能锁产品时，由于未做充分的需求调研和市场验证，因而在开发产品时，力求功能全面，开发了几乎所有可行的开锁方式，如手机蓝牙开锁、蓝牙纽扣钥匙开锁、密码开锁、指纹开锁、远程 Wi-Fi 开锁等。

事实上，我们通过后台数据发现，90% 以上的客户常用的开锁方式是指纹开锁，我们投入大量的人力、物力研发的两种蓝牙开锁方式几乎很少被使用。如果我们从一开始就能走在正确的轨道上，快速推出产品，那么一定会发展得更快、更好。这就说明，你并不能真正地了解客户的需求，在进行市场测试之前，没有人知道用户真正想要什么。

一、特征蔓延

特征蔓延又称功能蔓延，与 MVP 相反，它是指项目需求超出原来估计的趋势。在特征蔓延中，新功能被不断地添加到你的产品定义中，你希望这些新功能可以让产品卖得更好。

特征蔓延会影响项目的总体预算，这不仅会大大推迟产品的发布时间，还可能给公司员工带来挫折感。即使是如期发布产品，最终也可能削弱产品的功能表现，使其具有有趣但不必要的功能。

大型公司拥有丰富的用户数据，它们对客户的真正需求有更好的了解。但是，作为初创硬件公司，你几乎不会有任何有关客户想要什么的数据，必须不断地对其进行测试。而更高的产品复杂程度会增加开发成本、延长开发时间，以及延长产品推向市场的时间，当然也会增加制造成本。更重要的是，你扩大了风险，因为开发更复杂的产品比开发该产品的简单版本要承担更多的风险。

产品简化是 MVP 概念的重要方面，使用这种方法需要从客户的角度来看待产品，以确定哪些产品功能至关重要。在产品简化的过程中，你需要确定在要开发的产品和最终制造的产品中，哪些功能是最复杂的。

要想成功地开展业务，你必须像科学家一样思考，可以像看待未经检验的假设一样去看待每个想法。在看到真实数据之前，不要假设任何事情都是真实有效的。MVP 的目标是将你的想法快速地传达给目标客户，以获得有价值的反馈并进行调整。为了使你的假设成功，必须思考以下问题。

（1）你的客户有什么问题？

（2）什么对你的客户来说很重要？

（3）你的目标客户将为你的解决方案付费吗？

（4）你的目标客户对当前的解决方案感到满意吗？

（5）有其他的使客户满意的替代方案吗？

二、最佳功能集

添加到产品中的任何其他的功能都会大大提升设计的复杂程度，每个功能都会增加开发成本和制造成本，很多时候你将不得不制定更高的价格。同时，添加功能将花费更多的时间来开发和推向市场，甚至提高将来出现质量问题的可能性。通常情况下，功能越多，产品出错的可能性越大，你必须从质量控制的角度监视更多的功能。

首先，你需要列出产品所有的潜在功能。其次，以反映你认为的客户优先事项的方式对它们进行排序，但这是未经测试的，只是一个很好的起点。最后，确定每个功能如何影响开发成本、开发时间、产品单位成本。

在理想的情况下，你需要在不大幅度地增加制造成本的前提下，开发可以提高产品价格的功能。新功能需要有利于增加产品销量，该功能必须可以创造更多的利润，但是要获得利润，就必须有销量。因此，如果某个功能提升了产品销售额或利润率，那么就应该包含该功能。即使没有在最初的 MVP 中包含这类功能，你也会希望获得这些信息、获得有关 MVP 的反馈，了解这类功能的利润率和复杂程度。

按复杂程度和成本对功能进行排序后，对于具有高复杂程度或高昂成本的功能，应将它们从 MVP 中删除，还要删除对客户而言低优先级的复杂且昂贵的功能。一个极端情况是，确定便宜且无须花费很长的时间即可实现的高优先级的功能。MVP 应包括易于添加且廉价的功能。

当然，还有介于这两个极端情况之间的功能，对于这些功能，你需要分别评估它们。与功能的成本和复杂程度相比，这些功能的优先级如何？选择最实用的功能置于你的 MVP 中。

通过对 MVP 版本产品的销售，你将获得一些销售数据，同时可以收集很多客户的反馈。这些反馈可用于调整产品，通过升级产品版本来增加产品销量和提升利润率。此时，你正在处理真实的客户数据，并且知道他们真正的需求，甚至可能会根据从 MVP 中获取的信息来决定开发其他的产品。

作为一家初创硬件公司，你不能只围绕一种特定的产品来保障公司的持续运营。如果第一款产品成功了，那么你在 MVP 上收集的初始数据对于将来任何一种产品的开发都至关重要。花费 1 年的时间开发 MVP 比花费 3 年的时间开发你认为最完美的产品要好得多。3 年之后，你可能发现自己开发了一种复杂的产品，没有人真正愿意按定价购买。

将 MVP 投放到市场中，收集真实客户的反馈意见并进行设计调整，是更加明智的做法。业务中的所有内容都应视为对未经证实的想法的验证，永远不要以为你完全了解客户的需求。始终坚持进行测试是在业务上取得成功的唯一途径。

三、构建 MVP

成功的 MVP 是最快的获利途径，你需要出色并迅速地完成一个核心功能的开发。有效的硬件 MVP 上市需要的费用一般在 300 万元以内，包括设计、工程、工具、品牌和人员成本等。如果超出预算，就需要限制功能。

如果初次创办硬件公司，你需要保持简单的 MVP 来规避现金流风险。MVP 体现为功能最小化和成本最小化，开发人员不能试图满足所有人、所有的需求，更不能把重要和次要、刚需和非刚需糅合到一起。最小化是指精简到少了任何一个功能都无法满足用户最基本的需求。公司开发团队可以和决策团队一起借助 KANO 模型分析法进行分析和决策。

KANO 模型分析法由来自东京理工大学的狩野纪昭教授制定，他把需求划分为 5 类——必备型、期望型、魅力型、无差异型、反向型，分别用英文字母 M、O、A、I、R 表示。M、O、A 属于基本需求，I、R 属于期望需求，在构建 MVP 的时候，一律不考虑期望需求，只专注于把基本需求做到极致。

从 2007 年起，苹果公司一直引领着整个手机行业的不断创新。刚开始的时候，苹果手机关注两个功能——电话功能和照相功能。到了与 iPhone 3 的时代，才有了 App Store，才有了苹果的 App，所以可以将 iPhone 3 看作第一代 iPhone 在功能上的重大进化。正是因为史蒂夫 • 乔布斯的出现，使得消费类硬件的门槛变得越来越高。即使对于一家初创硬件公司来说，每个人也会将它的产品与手中的手机进行比较，这意味着初创硬件公司的产品必须立即给用户带来良好的体验。

很多初创硬件公司通常会由于以下 3 个原因陷入困境。

（1）过分承诺而未能兑现承诺。

（2）产品设计最终会做所有的事情，他们担心自己的产品不会被客户或投资者喜爱，因此会提出一系列无法实现的功能，最终结果是长时间的进度延迟或糟糕的产品体验。

（3）迭代速度慢：第一个版本很难有令人惊奇的效果，MVP 应该很快被优化后的第二个版本取代。但是，有些初创硬件公司在其他事情上花费了过多时间（如客户支持、分销、品牌知名度、筹集资金等），以致它们的产品迭代速度不够快。

下面是一份简短的指南，可帮助你构建有效的硬件 MVP。

（一）客户访谈

在硬件产品设计中，你有机会解决正确的问题。但是，在你深刻地理解了问题的同时，很重要的一点是要验证其他人是否也遇到了同样的困难。

客户访谈可能是一个非正式的过程，关键是要了解以下几个方面的内容。

（1）人们今天如何解决问题？

（2）为什么要选择类似的产品？

（3）使他们感到沮丧的原因是什么？

通过向客户提出问题，并观察他们如何使用现有的产品解决问题，以便收集客户的真实想法。

如果你要制造一个动作摄像机，那么你的采访可以是这样的。

问：“您今天如何录制动作视频？”

（该问题的目的是了解客户当前是如何解决问题的。）

问：“如果没有，为什么不做呢？”

（每次听到“否”，你都需要了解原因。你将找到一系列可以解决的问题，或者不存在的问题。）

问：“如果可以，为什么要捕捉动作视频？”

（该问题的目的是了解他们录制动作视频的真正原因，这种动机非常重要，将成为客户体验的基础。）

问：“能否为我介绍从捕捉动作视频到分享的经历？”

（在理想的情况下，你可以看到人们从头到尾地使用产品，并问他们为什么要执行每个操作。如果没有看到，可以将这个问题更改为：“是什么使你在从捕捉动作视频到分享的过程中受挫？”）

（二）制定客户旅程图

通常情况下，硬件要比软件难开发，因为硬件的很多问题完全不受限制。从客户需求入手，首先必须想象一个不存在的设备，然后创建使该设备正常工作的软件。为了做到这一点，你必须了解从体验到结束的所有的客户问题。

客户旅程图是在客户体验研究中使用的一种标准工具，它可以绘制之前、期间、之后的关键的交互作用图。

如图 2-3 所示，首先，图的顶部列出关键的交互作用。然后，通过头脑风暴法解决从简单到困难的每个问题，并提出多种解决方案。最后，你可以从左向右画一条线，展示你将在 MVP 中为每个核心问题提供何种级别的解决方案。

	之前			期间			之后		
	触点1	触点2	触点3	触点4	触点5	触点6	触点7	触点8	触点9
简单 ↓ 复杂	解决方案A 解决方案B 解决方案C 解决方案D 解决方案E 解决方案F	解决方案A 解决方案B	解决方案A	解决方案A 解决方案B	解决方案A 解决方案B 解决方案C 解决方案D 解决方案E	解决方案A 解决方案B	解决方案A	解决方案A 解决方案B 解决方案C 解决方案D 解决方案E 解决方案F	解决方案A 解决方案B 解决方案C

图 2-3　客户旅程图

（三）仅满足核心需求

现金流和时间是硬件开发中的主要限制，现金流可以使你聘请专业的团队，让棘手的问题看起来更容易解决，而时间可以使你在设计和重新构建体验时耐心等待。

除非可以在启动之前筹集到数百万元，否则你唯一的选择是通过销售产品来赚钱。被迫地迅速进入市场，要求你仅可以解决最重要的客户问题，满足客户的核心需求，尽可能快地推动正现金流。这非常重要，因为有了这些现金，就可以对产品进行重新投资以使其更好地发挥作用。

（四）迭代

在启动 MVP 之后，你需要快速迭代，在 12 ～ 14 个月内推出下一个版本。这并不意味着第二个版本应该添加一些新功能，更重要的是，应该完善已经交付的功能，从而使产品足够成熟，以满足数百万名客户的需求。

不论设计哪种产品，都要将整个系统（工程、设计、测试、包装、供应链、认证、文档、物流等）整合到一个产品中，以供广大消费者采用，这需要你做大量的工作。

依次启动基本功能，并依次添加功能非常重要。例如，iPhone 刚开始时是带有向上、向下、向左、向右按钮的 iPod。每个新功能都会使其复杂性倍增，因此请认真考虑产品的第二位、第三位和第四位的功能。

第二节　要素二：衡量产品增长力

初创硬件公司经常会犯的一个错误是，它们认为需要大量的客户才能评估产品与市场的契合度。但问题是，当涉及硬件产品时，从成千上万个客户那里获取数据，通常需要进行全面的生产，这违背了收集关键指标的整体目的，常见的关键指标有 MAU、ARPU、DAU、K 因子、客户流失、MRR、LTV、NPS 等。

实际经验表明，只需要利用大约 30 位合格的潜在客户的反馈，就可以比较准确地预测长期市场，但前提是，第一，你知道如何衡量你的产品体验。第二，反馈的客户必须是理想的目标客户，这样你才能获得有效的见解。

可以通过以下步骤进行具体实施。

一、确定你的目标客户群

优秀的消费类初创硬件公司需要了解并获取数据，详细表征其目标客户。

（1）公司了解创新者或思想领袖具有的心理特征和人口特征。

（2）公司了解这些客户最可能居住在哪个营销区域，并证明居住在这些营销区域中的人在使用该产品后可能会有积极的反馈。

（3）公司知道市场上有多少客户符合该条件，以及如何更快地联系他们。

（4）针对如何将目标客户群从创新者扩展到早期采用者，公司可以做出正确的假设。

B2B 初创硬件公司通常通过与行业中的主要利益相关者交谈来了解他们的市场结构。

（1）他们对销售周期时间表有很好的了解。

（2）他们可以在不同类型的组织内制定购买决策，并确定决策者需要花费多少资金。

（3）他们已经与客户高管和潜在客户的现场人员积极地建立了联系，甚至一些公司获得了签署的意向书，这样公司的产品更贴合客户的需求。

了解如何量化客户是展示增长力的基础，在进行目标客户识别、量化的过程中，追求寻找少量合格的客户的初创硬件公司具备更大的优势。

二、衡量客户参与度

确定目标客户群之后，下一步是评估他们对产品的反应是否良好。通常需要构建一个可靠的功能原型，客户可以直接使用该原型进行交互。

增长力的最佳衡量指标来源是使用过你的产品的人，客户访谈是在产品设计过程中长期使用的一种方法。在此过程中，通过让潜在客户与产品原型进行交互并回答一系列的问题来收集信息。

在没有重大偏见的情况下，往往需要几年时间才能很好地完成客户访谈，但无论其客观性如何，这都是一个很好的数据收集点。

（一）净推荐值

净推荐值（Net Promoter Score，NPS）主要用于评估客户对你的产品的兴趣，用于衡量客户如何看待你的产品，以及他们向其他人推荐你的产品的意愿。NPS 可以在小样本（约 30 人）中统计相关性，它是原型设计和客户开发的理想工具。

当涉及衡量反馈时，NPS 是你的“武器库”中的绝佳工具。通过询问客户“您向朋友推荐我们产品的可能性有多大？”初创企业可以客观地确定产品 / 市场契合度，分数为 0 ～ 10。

事实证明，某人推荐产品的可能性越大，他购买该产品的可能性越大。当有人使用你的产品后，你才能准确地跟踪 NPS，其简单性会消除主观反馈中隐含的大部分偏见。

其中，0 ～ 6 分为不推荐，7 ～ 8 分不纳入 NPS 计算范围，9 ～ 10 分为推荐者。NPS 的计算范围如下。

NPS=[（推荐用户数 – 不推荐用户数）÷ 总样本用户数] × 100

通常情况下，30 分为不错，50 分为很好，70 分为优异，你应该将产品的净推荐值目标定为 70 分。

（二）情感分析

在做出购买决定时，感性往往会胜过理性。在进行客户访谈的过程中，以 1 ～ 5 分来记录基本的情感特征，对于展示早期客户对产品的感受非常有帮助。

客户的每次购买决定都是由理性和情感两个方面组成的。

（1）显性内容适合你的理性大脑，如标语、产品说明和评论。

（2）隐性内容旨在满足你的情感需求，如图像、颜色和广告。

消费类硬件产品的估值是设备销售成本与消费者愿意支付的非理性价格的差额，这两个数字之间的差异就是品牌溢价。

品牌是一个徽标，不是营销复制品。品牌是一种承诺，是一种针对消费者身份的语言，也就意味着客户在购买产品时，感性往往会胜过理性。

客户不购买功能，而是接受品牌做出的承诺。

（1）阿里巴巴承诺让天下没有难做的生意。

（2）小米承诺让全球每个人都能享受科技带来的美好生活。

当初创硬件公司着手开发消费类硬件产品时，它们应该记住，它们不仅仅是在开发具有一系列功能的产品，更是在建立一个由情感驱动的品牌。

（三）口碑传播

尽管这并不适用于所有的产品和市场，但是围绕产品的社区发展，以及与其他用户之间的互动方式可以很好地预测整个市场的成功。你可以证明社区围绕产品的发展方式，大致相当于 SaaS 产品中的 K 因子。K 因子也被称为病毒系数，用来衡量推荐的效果，即一个发起推荐的用户可以带来多少个新用户。K 因子的计算公式如下。

K 因子 = 发起推荐的用户数 × 转化率

例如，K 因子 =3×0.3=0.9，含义是一个发起邀请的用户理论上最终可以带来 0.9 个新用户。

第三节 案例：一款硬件产品开发的复盘

下面以笔者曾经负责的智能门锁产品为例做一次复盘，带大家了解硬件产品开发涉及的主要过程。

一、市场概况

开发任何一款产品之前都需要预估市场规模，评估市场是否足够大，是否值得投入人力、物力和时间。

随着物联网、人工智能等技术的发展，行业细分领域的完善，以及消费者对智能硬件接受度的提高，智能硬件已经逐渐从科技产品向消费品转变。根据行业和需求等划分，消费级智能硬件可以分为智能出行、智能家居、智能教育、智能穿戴、智能医疗等。

2015 年，智能家居的市场规模只有 225.7 亿元，到了 2020 年，其市场规模达到了 2000 亿元左右，平均增速保持在 55% 以上。IDC 数据显示，2020 年，中国智能家居设备出货量为 2 亿台。从整体上来看，老牌的美的、海尔等企业凭借丰富的产品线在整体出货量上保持领先。但是有一部分专注单品的企业在细分领域保持领先，比如小米智能电视在 2019 年和 2020 年的出货量排名均为第一。

智能门锁作为入门级产品，具备广谱高频的特性，属于智能家居市场的热门产品。智能门锁是在传统机械锁的基础上进行改进的，在用户安全性、识别性、管理性方面更加智能化、简便化的锁具。

从 2015 年开始，锁企数量猛增，产品功能更加丰富。截至 2020 年，上千家锁企同台竞技。随着锁企的竞争，入局企业涵盖传统家电厂商、专业锁具厂商、互联网新晋品牌、安防巨头及电子通信巨头。

截至 2020 年年底，智能门锁行业已然成为红海，新入局的企业多如过江之鲫，其原因有许多，如门槛低、在短期内有利可图等。但最重要的原因是，海量企业被智能门锁庞大的市场所吸引。

我国人口众多，拥有数量庞大的住宅，而国内的智能门锁普及率比较低。因此，国内的智能门锁市场前景非常好。据悉，智能门锁的市场规模达到千亿元。正是因为智能门锁行业仍然处于发展初期，门槛较低，再加上庞大的利润空间，使得该行业在短时间内从平静的蓝海变成了竞争激烈的红海。

笔者预估，主要的品牌锁企在未来较长的时间内仍然难以形成垄断优势。智能门锁产业链趋于成熟，但是市场仍处于早期阶段，需要继续培养客户。

二、复盘过程

了解了智能门锁行业的大致情况，现在正式开始复盘。

（一）Goal（目标回顾）

2015 年，X 品牌智能锁公司（全文以“X 品牌”代替品牌名）成立，依托母公司在安全领域的优势，致力于打造一款金融级安全智能锁产品。

此时的智能门锁市场情况如下。

从 2012 年到 2016 年，亚太天能、凯迪仕、汇泰龙、智家人、VOC、德施曼等企业陆续入局，智能门锁产品价格为 2000 ～ 5000 元，主流产品以光电采集指纹识别算法技术和 FPC 半导体采集指纹识别算法为主。上下游供应链配套逐步完善，成本适中，市场接受程度有增长的趋势，主要以房地产市场和渠道零售为主。

（二）Result（结果陈述）

经过 5 年的经营，X 品牌曾面临资金链断裂的风险。幸运的是，在 2020 年，X 品牌凭借华为的流量优势，获得了千万级别以上的曝光，年销售额突破亿元。

单品经历了 5 年的打磨，无论是从产品的品质，还是从其安全性能上来说，都排到了行业前列。从研发、生产、品控到安装服务，X 品牌打造了一个完善的系统能力链条，演绎了“打怪升级”的全过程。

（三）Analysis（过程分析）

笔者重点分析执行过程。我们最初的想法是将母公司的硬件加密技术应用到智能锁上，打造智能锁界的“iPhone”。2015 年，智能锁的产品载体有两种形式：一种是保险柜和保险箱，另一种是智能门锁（包括工程、家用智能门锁）。

经过调研与分析，我们最终选定家用智能门锁作为细分切入点。

1. 调研

启动一个项目前，必须进行调研。保险柜的历史可以追溯到中世纪。在中世纪的绘画作品中，偶尔能看到一种盛放金银珠宝的木制橱柜，它就是现代保险柜的雏形。

以下仅做示例性说明，以 2021 年的数据进行市场估算。

根据 2021 年第七次人口普查数据，全国共有家庭 4.9416 亿户，城镇化率为 63.89%。由此可见，我国的城镇家庭数量约为 3.16 亿户（4.9416 亿 ×63.89%≈3.16 亿），农村家庭数量约为 1.78 亿户。

假设收入为 10 万元人民币以上的人群为保险柜和保险箱的潜在目标用户，根据国家统计局发布的《中国统计年鉴 2021》，可估算的目标用户数如下。

城镇目标用户数约为 1.26 亿户（3.16 亿 ×40%）；农村目标用户约为 0.356 亿户（1.78 亿 ×20%）。

整个市场的目标用户数约为 1.616 亿户，国内的潜在市场规模超过 500 亿元，与中国安防协会的统计数据相近。

从产业链来看，呈现如下趋势。

（1）保险柜产业链上游为原料层，包括钢材、金属配件、锁具、塑粉、电子配件等原材料。

（2）中游为保险柜制造层。

（3）下游为应用层，包括终端家庭、企业、酒店等多个应用领域。

国内的保险柜市场的长期需求热度整体比较平缓，保险柜百度搜索指数如图 2-4 所示。

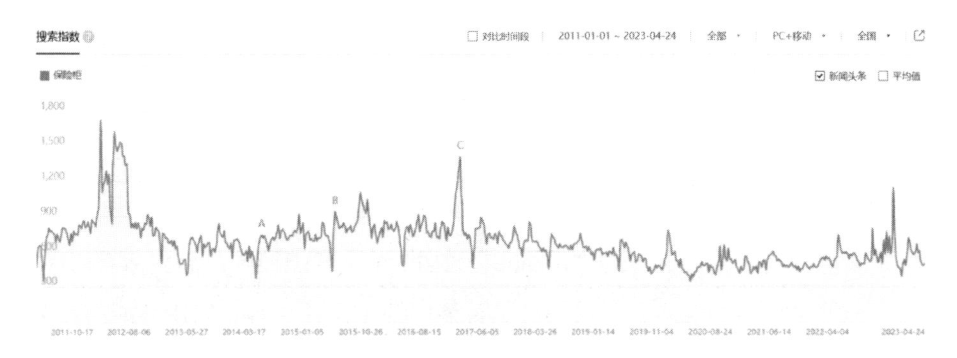

图 2-4　保险柜百度搜索指数

现阶段，保险柜行业的优秀企业包括宁波永发、宁波驰球、河北虎牌、广东安能、河北超越、上海迪堡等。我国是全球保险柜的重要制造中心之一，中国安防协会统计的数据显示：国内保险柜生产基地主要集中在浙江、上海、广东、河北、河南等地区。以上区域的保险柜总产量占全国保险柜总产量的八成以上，其中浙江宁波的保险柜产量占全国保险柜总产量的三分之一。

在此背景之下，智能锁需求及热度处于逐年上升的趋势，未来的市场潜力较大。智能锁百度搜索指数如图 2-5 所示。

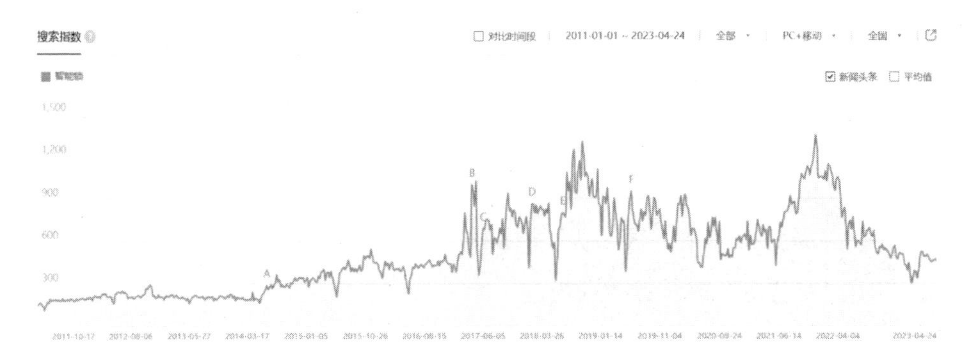

图 2-5　智能锁百度搜索指数

我们再来看看智能门锁行业，智能门锁市场有以下 3 个显著特点。

（1）相对广泛：市场足够大。

（2）高频：家庭一天平均开锁 10 次左右。

（3）体验可控：入局门槛低。

智能门锁市场足够大，这是小米、华为等企业纷纷入局的主要原因。

下面从用户需求端估算潜在的市场规模。在理想情况下，每一个家庭都可能安装智能门锁，而我国拥有数量庞大的住宅。因此，终端消费者将会是智能门锁最大的市场，以终端市场规模进行预测，具有一定的参考价值。

智能门锁的有效市场规模可以用目标市场数量 × 平均价格来计算。

（1）家用智能门锁的总有效市场（Total Available Market，TAM）。

作为入门级产品，家用智能门锁一般以家庭为单位。2021 年第七次人口普查数据显示，我国总人口高达 14.1178 亿，有 4.9416 亿户家庭。

（2）家用智能门锁的可服务市场（Served Available Market，SAM）。

2021 年数据显示，我国城镇化率为 63.89%，产品可覆盖约 3.16 亿户城镇家庭。

（3）家用智能锁的目标市场（Target Market，TM）。

百度搜索指数结果显示，智能门锁的关注人群以中青年为主。以具有中等消费以上能力的“80 后”“90 后”家庭为主估算目标用户，目标人群占比按 60% 计算，可覆盖约 1.896 亿户城镇家庭。

（4）价格方面。

随着智能门锁生产成本的不断降低，其售价也逐渐降低。根据天猫公布的 2020 年“双 11”支付金额占比情况来看，支付金额为 1010 ～ 2825 元的客户群占比为 51.72%，支付金额为 2825 元以上的客户群占比为 10.36%。综合考虑，在价格方面，我们选取 1500 元作为智能门锁国内市场的平均价格。

综上所述，城镇中的中青年家庭目标市场约为 1.896 亿户，国内智能门锁单价平均为 1500 元，国内智能门锁的潜在市场规模为 2844 亿元。

虽然各环节的数据均为预测数据，但是其中各要素均存在增减区间。例如，中国人口数量、家庭数量、城镇中青年实际需求量、市场实际价格等均可能有增有减，综合评估，2535 亿元的潜在市场规模是相对可靠的。

不过智能门锁拥有千亿级的潜在市场规模，想要完全开拓市场，以目前的用户消费观念、消费水平、普及速度来看，还需要一定的时间。中国的智能门锁普及率实际上比较低，仅部分一线、超一线城市的普及率超过 10%，20% 以上的普及率则更加少见。因此，国内的智能门锁市场有极大的开发空间。巨大的市场会吸引众多企业入局，也使得行业内的竞争在短时间内变得非常激烈，同时促进了行业产品、技术的快速迭代，加快了行业发展。

（5）人口红利和消费升级是智能门锁市场的未来主要增长点。

我国 2019 年出生人口为 1465 万人，人口出生率为 10.48‰；死亡人口为 998 万人，人口死亡率为 7.14‰；人口自然增长率为 3.34‰。艾瑞咨询报告显示，在智能家居知识的普及下，居民对智能门锁的购买意向高达 75%，且安全性以 61.4% 的占比成为消费者在购买时主要考虑的因素。

在用户层面上，我们当时采用的是“朋友测试法”。和家人、朋友面对面地沟通，发现大家最关注的是安全性问题。但看似有效的调研实际上犯了“盲人摸象”的错误，缺乏更大范围的实际市场来验证，很大程度上是凭主观臆断得出结论。

在竞品分析上，我们采用搜索调研的方式，通过搜索公开信息、智能门锁竞品公司网站等，结合公司的资源找到差异点。市面上的智能门锁在安全性方面普遍表现较差，升级功能不完善，没有直观显示屏等，导致用户体验不佳。另外，欧美地区智能门锁普及率较高，比较注重个人隐私。在功能方面，欧美地区的智能门锁功能相对简单，接受度较高的是蓝牙智能门锁。

鉴于上面的考虑，我们最初将智能门锁的功能定位在蓝牙开锁上，这样的调研提出的是一个伪需求，实际结果是在无用的功能上耗费了大量时间、人力、物力。对于国内用户而言，虽然大家对安全性有心理需求，但是安全性是相对的，智能门锁做到比传统机械门锁更安全、便携即可。指纹开锁的安全性争议颇多，但是其在民用智能门锁领域则是相对便利的一种开锁方式。该产品于 2019 年基本成熟并完成了小批量试产，陆续在亲戚、朋友家安装了几十套智能门锁做种子用户测试。

在市场层面，我们参加了多个大大小小的展会，同时到二、三线城市寻找代理商。因为没有形成知名品牌，在 1 年中，公司只是零散地发出了上百把智能门锁，处于亏本赚吆喝的状态。

由于前期的技术积累加上华为在智能硬件的市场布局，2019 年年初我们成功与华为完成技术对接与验证工作，下半年的商务对接同步展开，公司终于在迷雾中看到了一丝生机。

2. 系统能力搭建

在调研阶段，关于市场全局，笔者做了介绍，是为了使大家形成一个全局认知，用上帝视角分析得失，这是复盘的意义。经过1年的市场验证和技术调研等工作，从2016年开始，我们用了两年时间搭建了整个硬件产品系统。

系统能力主要包括硬件能力、软件能力、应用能力、后台能力、生产能力、安装服务、售前支持、售后支持等。不得不说，在两年的时间内，我们几乎把每一个环节里面的坑都踩了一遍。

智能门锁方案主要涉及3个方面：硬件、软件、服务。我们搭建的智能门锁系统框架如图2-6所示。

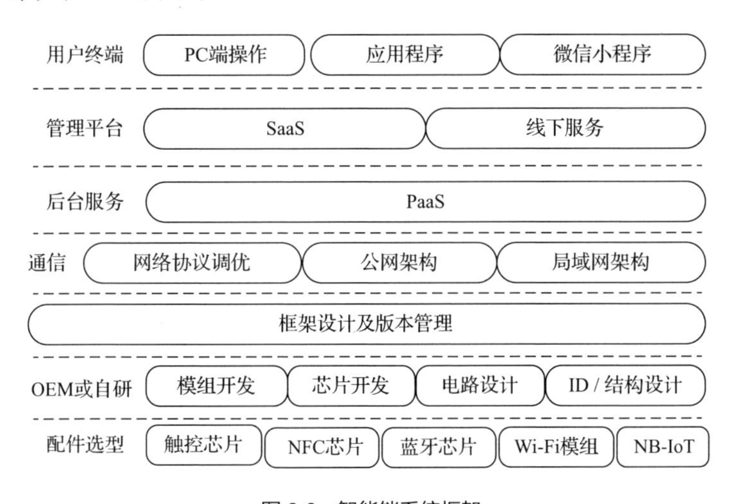

图2-6　智能锁系统框架

3. 市场推广和产品运营

有了稳定的产品，搭建了一套可靠的系统能力，接下来自然要做市场推广和产品运营。

市场推广包括以下两个方面。

（1）地推：招聘几个销售人员，按照地域（华北、华中、华南等）进行地推，销售人员到前线城市找代理商洽谈合作。

（2）展会：参加全国或地域性质的展会，推广公司产品。

开始时，我们主要通过淘宝店做产品运营，通过卖高频小饰品积攒淘宝信用，盈利一直较好。不过由于智能门锁销量长时间没有起色，因此逐渐放弃了淘宝运营。

公司与小米做过一段时间的商务对接，但小米的生态链是一种企业附属的模式，与公司自身品牌建设理念不相符，小米做智能门锁品牌间接证明了公司不与小米合作是明智之举。后来通过加盟华为，2020 年品牌获得千万级别以上的曝光，销售额突破亿元，品牌价值初显。

（四）Insight（归类总结）

做产品难，做硬件产品更难，需要更长周期，冒更大的风险。而智能门锁作为入门级的家庭用品，一旦出现问题，对售后的及时性服务可谓零容忍。智能门锁借助互联网的“玩法”大量卖货，若不夯实基础，则无论哪个品牌，卖得越多“死”得越快。消费类市场对产品的品质及服务要求更高，智能门锁厂需要着重打造精品，建立高效的售前、售后服务团队，为企业未来的发展创造更多的确定性。

截至 2021 年年初，虽然 X 品牌最终得以存活，但是不能忽视前期的诸多战略失误，下面从需求和推广两个方面来总结。

1. 需求

清楚了解需求真的很重要，一开始我们调研得到的需求是伪需求，为什么这么说呢？因为虽然国内用户对智能门锁的安全性有一定的心理要求，但是在 2015 年，家用智能门锁处于用户普及阶段，市场普及率偏低。在智能门锁上做金融级的数据安全系统并没有太大的意义，用户根本感受不到其在安全性能上的差异，使用的便利性反而是用户关注的焦点。钥匙丢失、出门忘记带钥匙等情况想必大家都经历过，因此，在进行需求调研时，要注意多观察用户的行为，而不只是关注用户说什么。用户关注智能门锁的安全性，心理预期可能是达到机械门锁的安全性能即可，入门的便利性更重要。

对于硬件产品来说，一定要找种子用户去实际使用。通过对种子用户数据的统计，我们发现 90% 以上的用户会选择使用指纹开锁，还有一部分用户（老人或指纹不灵敏人群）会选择使用密码或卡扣钥匙开锁。

2. 推广

前几年，鹿客是一家发展最迅速的互联网智能门锁品牌，其成立时间是

2016 年 11 月。X 品牌启动智能门锁项目的时间更早，具备一定的先发优势。在家用智能门锁的推广上，需要注意以下几点。

（1）地推需要提前布局：前期地推的失败很大程度上是因为此时的市场品牌繁多，竞争对手有上千家，在没有形成知名品牌的前提下很难打开局面。

（2）引流要符合定位：在推广过程中，我们无差别地参加了大量的展会，有许多展会并不符合智能门锁的市场定位，导致了很多资源浪费。

要做家用智能门锁，需要考虑以下几个条件。

（1）是否具备专业的产品开发团队？快速抢占市场很重要。

（2）是否有足够的资金实力？硬件产品前期投入多。

（3）是否有切实有效的引流方案？合作伙伴赋能很重要。

（4）是否有接地气的真实需求？准确的需求定位可以减少时间和资源浪费。

（5）是否有强大的心理承受力？失败在所难免，硬件产品的周期长，迭代慢。

第三章
产品开发流程概览

与软件产品的封闭式开发模式不同，硬件产品会涉及供应链和渠道管理，对成本和时间的限制性要求较高。硬件产品很难实现类似软件产品的快速迭代，初创硬件公司往往只有一次机会来交付产品。

精益开发流程已经根植于软件开发文化中，即通过 Build-Measure-Learn 精益开发循环指导软件产品的开发设计。

（1）Build：快速地构建一个能够投入市场，进行试验的版本。

（2）Measure：衡量市场的反馈。

（3）Learn：通过市场反馈来调整产品的思路。

这是一个循环过程，通过小步快跑迭代产品，但是该理念并不完全适用于硬件产品开发。硬件产品开发需要制订更多的计划，许多环节有很长的交货周期，成本往往较高。如果处理不当，那么设计中的小错误或质量控制不佳的零件都可能使你破产。在从事智能门锁行业时，笔者在深圳组装厂听说有一家友商投产了 10 万套智能门锁，在生产测试时却发现硬件功耗问题无法解决（方案设计未完全验证），最终黯淡收场。

新产品开发流程是指公司构思和实现新产品的整个活动，其中产品概念可能源自市场，也可能源自实验室或工作室。通常情况下，这些想法包括客户的要求。新产品开发是一种能力，使公司能够实现这些新生的产品概念，并可预测、可靠地将它们呈现给客户，同时确保满足客户的需求。本章首先介绍传统的瀑布式产品开发流程，然后结合敏捷式产品开发流程的特点形成了一套 MVP 开发流程。

新产品开发（New Product Development，NPD）包括一整套的系列活动，通常遵循一个分阶段的流程。在流程中，公司先构思新产品创意，然后进行研究、计划、设计、原型开发和测试，最后将其推向市场。当 NPD 流程包含现有产品的管理时，也被称为产品生命周期流程。

NPD 不仅包括流程，还需要创新、产品战略、跨职能团队和决策等协同配合，有效的 NPD 流程需要确保以下几点。

（1）以有效的管理来选择新的产品概念。

（2）以足够的资金让这些想法得以实现。

（3）对它们进行审查和优先级排序。

产品开发战略是企业战略与产品开发之间的桥梁，通过产品开发流程生产新产品并满足市场需求。产品开发流程因公司而异，与行业、产品类型、产品是进行渐进式的改进还是突破性的创新，以及公司对产品的关注程度相关。产品开发流程是敏捷的，被称为敏捷产品开发或混合开发。通过使用敏捷产品开发，你可以减少产品开发的步骤，并充分利用瀑布式和敏捷式两种产品开发流程的优势。

第一节 产品开发流程的 3 种类型

一、瀑布式产品开发流程概述

当前流行的产品开发流程可以归结为 3 种类型，第一种是瀑布式产品开发流程，它是传统的 NPD 流程的通用术语，其中有离散的步骤和里程碑。之所以称为瀑布式产品开发流程，是因为在这种开发流程中，团队只有在达到里程碑后才能进行下一阶段的开发，即流程只有一个方向。

瀑布式产品开发流程是传统的产品开发流程，强调文档和流程，相对缺少迭代与反馈，不适合客户需求不断变化的开发场景，但好处是从一开始目标就是清晰、明确的。

在硬件产品领域，更加偏向使用瀑布式产品开发流程，主要原因如下。

（1）电路设计的更改成本较高，一旦更换设计就需要重新绘制原理图、布局布线、焊接和测试，最快也需要一周的时间才能完成一个周期的测试。

（2）产品系统模块之间的联动性极强。例如，如果 App 端要调整控制报文的发送模式，就会导致云端和设备端要同步更改和测试。

（3）资源协调和工程排期问题比较突出，如果涉及开发外包，就需要多个不同的公司一起配合进行研发。任何一个需求的变更都需要重新协调对应公司的工程师资源，以及对方的排期安排。

这一系列的联动性都会使得在开发硬件产品的过程中，不适合过多地调整、变更设计。

二、敏捷式产品开发流程概述

敏捷式产品开发流程越来越普遍，因为公司可以通过它使用更少的资源开发令客户满意的新产品。敏捷方法依赖冲刺，即结合开发和客户测试的周期，大多数公司声称自己是敏捷的组织，实际上是在主要里程碑之间进行敏捷式产品开发。

敏捷式产品开发强调“快”，要求快速迭代以获取频繁的反馈，适合应对市场和客户需求不断变化的互联网场景，缺点是很容易欠下技术债。

例如，假如要造一辆汽车，瀑布式产品开发会花费好几个月来确认每一个汽车零件，再进行开发。但是敏捷式产品开发会拆分阶段，每个阶段都会先做一个“可被测试”的原型。如果这个不管用，就再做一个，逐步接近做出一辆真正的汽车。

App 类型的开发非常适合使用敏捷式产品开发，因为市场的需求很多时候是未知的，敏捷式产品开发的好处就是快速迭代，并且在短时间内可以验证想法。

三、MVP 开发流程概述

MVP 开发流程就是结合瀑布式产品开发流程和敏捷式产品开发流程，来获得两种产品开发流程的最佳优势，可以实现快速而简单的升级版的产品开发流程。这种新的产品开发流程有一个最小可行流程，即具有足够的流程但不会太多。

它始于一个简单的认识，即任何产品开发流程都可以归结为以下两个需求。

第一，在需要做出投资决策的拐点处启用行政监督。

第二，指导开发团队降低风险。

传统流程经常需要冗长、繁重的审查，开发团队必须每隔几周或几个月证明其继续存在的合理性，这就会导致过重的官僚主义，并使开发团队缺乏灵活性。

MVP 开发流程涉及思想上的微妙但重要的变化，传统流程的每个部分都有许多可迭代完成的活动。在 MVP 开发流程中，开发团队只需要与管理层进行 3 次审查，证明概念是正确的、市场与产品之间是匹配的，并且为产品发布做好一切准备，而不是完成一套僵硬的可交付成果。同时，不是预先设定开发团队必须符合可交付成果后才能执行下一步，而是在整个过程中确认它是正在符合定义项目的一组广泛参数。

如果符合这些参数，那么管理层应该让开发团队独自负责；如果没有符合这些参数，那么开发团队需要一个精益的上报流程来通知管理层回到正轨。

在项目开始时（可能是在有了产品创意之后，但是在公司投入大笔资金之前），开发团队和管理层就项目的关键参数达成一致，比如产品成本、特征、日程、质量、可靠性。

这些参数必须有一个开发团队不得超越的定量阈值或边界条件，意味着开发团队已经做了足够的功课来准确地设置这些参数并使它们量化。

一旦开发团队和管理层同意这些边界条件，开发团队就可以独自降低或满足与每个条件相关的风险要求。如果开发团队正在实现其目标，那么管理层不需要干预。此外，在 MVP 开发过程中，没有对预制的可交付成果进行严格审查。

在整个过程中，开发团队需要满足管理层的需要，以确保其投资得到保护，这些审查被 3 次检查所取代。他们通过显示开发团队正在降低每一个可能存在的风险来证明这种持续投资的可行性，包括市场风险、技术风险、竞争风险等。

如果在任何时候，不仅仅是在预定的“关口”，开发团队意识到它将无法满足一个或多个边界条件（称为“突破边界”），那么开发团队将通知管理层进行调整。开发团队需要针对他们预期的边界条件中断进行沟通，并提出突破边界的解决方案。

如果管理层同意开发团队提议的解决方案，那么管理层在此基础上继续前进。如果管理层不同意开发团队提议的解决方案，那么管理层会召开面对面会议，所有的利益相关者协商新的边界条件。管理层根据新规范继续工作。

建立边界条件及越界审查可以减少官僚主义和文书工作，这是一种 NPD 的精益方法，可以快速解决问题。最重要的是，它保持了管理层对其进行投资的信心，同时通过设置一套明确的客观参数来使开发团队不断降低风险。

第二节　瀑布式产品开发流程

典型的瀑布式产品开发流程有以下 6 个阶段。

阶段 1：构思（创意产生）；

阶段 2：产品定义；

阶段 3：原型设计；

阶段 4：详细设计；

阶段 5：验证 / 测试；

阶段 6：商业化。

瀑布式产品开发流程如图 3-1 所示。

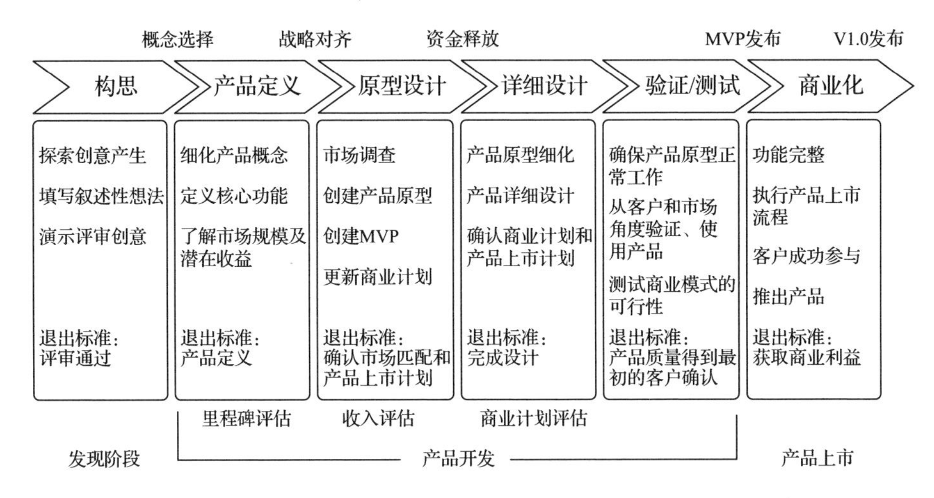

图 3-1　瀑布式产品开发流程

一、构思

瀑布式产品开发流程的第一步通常被称为“构思”，是新产品概念的起源。这一步是新产品进行想法筛选的结果，一般涉及以下几个方面。

（1）探索产品概念的创意。

（2）业务分析。

（3）进行市场研究。

（4）探索其技术和市场的风险。

构思阶段通常是集思广益进行 NPD 的最重要阶段，因为它是大多数新产品创意的来源，为 NPD 奠定了基础。在早期阶段，弄错产品概念会浪费时间并增加机会成本。当然，并非所有的新产品创意都来自内部。

构思通常是最具有挑战性的，可以使用产品开发清单来查明此阶段和整个开发过程中的风险，也就是在这个阶段确定目标市场和目标客户。

二、产品定义

产品定义有时会被称为范围界定或概念开发，此阶段涉及细化产品概念的定义，并确保团队可以真正了解客户的需求。设计团队在此阶段组建，该团队对新产品概念的技术、市场和业务方面进行了首次详细评估，并确定了核心功能。

一般情况下，在这个阶段可以通过设计简单的产品原型来获得有关产品 / 市场契合度的早期反馈，具体情况可以根据产品类别决定。

（1）如果这是一个增量产品，那么可以开始进行概念开发。

（2）对于创新型产品来说，团队可能会考虑通过设计产品原型获取用户反馈。

（3）对于公司来说，产品类别越新，越应该探索更多的概念测试。

（4）产品设计的基本目标是确保这些想法是有效的，并且是会让客户满意的。

如果你正在对现有的应用程序进行渐进式的改进，那么可能无须进行概念开发。如果现有的产品是成功的，已经证明了概念及产品 / 市场契合度，那么这样的项目可能只需要团队和管理层之间进行一次检查，没有必要在不增加价值的情况下进行 3 次检查。

概念开发通常在这个阶段开始，设计团队可以开始可视化最终产品的工作，并将其传达给潜在客户。

（1）营销策略：探索和定义新产品的差异化关键点，如果操作不当，那么可能延迟产品的上市时间或导致误判市场需求。

（2）商业分析：需要查看类似的产品，进行竞争分析，并开始制定营销策略。这样做是为了确保公司的利润可以达到设定的阈值。营销策略将影响广告和公关费用的预算，同样会影响新产品的投资回报率（Return On Investment，ROI）的计算。通常来说，3 年的损益计划是商业分析的一部分。

（3）开发成本：作为商业分析的一部分，在了解产品定义后，团队可以在开发周期的这个阶段估算开发成本。

三、原型设计

这个阶段要求团队制订详细的业务计划，来证明公司对产品开发的投资是合理的，通常涉及深入的市场研究。需要彻底探索新产品的竞争格局，以及产品在其中的合适位置，同时，为新产品创建一个财务模型，对市场份额进行假设。

定价也是在这个阶段确定的。对于有形的新产品，如硬件或混合系统，需要考虑新产品的可制造性，以及产品的采购问题。在此阶段结束时，你应该清楚地了解正在投资什么，以及产品将在市场上如何表现。瀑布式产品开发流程的阶段 3 至关重要，因为它降低了新产品的市场风险。

因为具备可以向客户展示的产品原型，所以这也是你可以开始测试营销策略的阶段。由于创建逼真的用户界面相对容易，因此软件开发人员可以更早地进行这些测试。

四、详细设计

阶段 4 的重点是产品设计，但也可以对产品原型进行改进。

在大多数情况下，这个阶段开始对产品原型进行 Alpha 测试，通过与客户合作来迭代产品（获取他们的反馈并将其整合到产品原型中）。

同时，营销、销售与制造等部门开始创建、发布和制造平台以支持新产品。瀑布式产品开发流程的阶段 4 有时称为“开发”，有时包含下一步的“验证 / 测试”。

这个阶段通常由项目经理主导。对于小公司来说，该阶段则一般由产品经理负责。

五、验证 / 测试

验证 / 测试意味着确保产品原型按计划工作，意味着团队需要站在客户和市场的视角来验证、使用产品，同时测试商业模式的可行性。

新产品的所有需求，以及在开发阶段从客户处获得的反馈都需要经过审核，并尽可能在“真实世界”中测试。

营销策略在这个阶段得到确认，如果有任何需求需要修改，那么这个阶段是团队进行修改的最后机会。

这是产品上市前的最后一个阶段。通常情况下，公司在这个阶段系统地测试营销策略，验证上市计划。

六、商业化

在这个阶段中，团队已准备好将最终产品推向市场所需的一切，包括用于市场引入的营销策略和销售计划，甚至包括销售培训。

团队开始实施产品制造，这是这个阶段被称为商业化的原因所在，测试营销可能会继续使公司在发布产品时取得最大的成功。

上述 6 个阶段是典型的瀑布式产品开发流程，该流程过于复杂，管理层有时候会进行过多不必要的干预。

硬件产品具有研发周期长、成本高的特性，不太可能进行快速迭代更新，也无法承受需求的反复变更，整体开发设计会偏向于瀑布式产品开发流程。但是为了提高硬件产品的开发效率，本书也在 MVP 开发流程中加入了一些敏捷设计的思想。

第三节　MVP 开发流程

MVP 开发流程包含以下 3 个主要阶段。

阶段 1：概念契合。

阶段 2：产品 / 市场匹配。

阶段 3：开发。

每个阶段都有一组与之相关的活动，以及团队需要满足的退出标准，满足这些标准后，MVP 开发才能进入下一个阶段。

一、概念契合

该阶段的目的是确保产品创意的质量。

（1）产品理念与愿景一致。

（2）团队可以自由地创新和迭代。

（3）技术经过测试。

（4）为项目配备适当的资源。

（5）项目不受任何阻碍快速迭代开发因素的影响。

（6）具有重要的商业潜力。

在这个阶段结束时，团队应该有一个明确的具有创业能力的领导者。团队应向管理层证明，通过早期对潜在客户的市场测试，证明实现收入的时间是可预见的，潜在的市场份额很大，并且收入潜力足以对公司产生影响。

为了证明 NPD 的合理性，要计算 ROI，团队应在此阶段估算开发成本。拟议的商业模式应与公司的整体模式相近，并支持 NPD 流程中的所有投资。这意味着项目的商业模式和营销策略应该类似于公司的总体经营方式，同时应进行市场研究、竞争分析和目标市场分析，需要考虑品牌和客户的以下问题。

（1）进行市场研究并阐明产品将如何利用公司的品牌。

（2）团队应能够描述产品的独特价值主张。

（3）团队应考虑提议的产品是否适合当前的营销渠道及客户群。

在此阶段，建立关键绩效指标（KPI）以验证业务案例，并为产品团队设定期望。这个阶段结束时，开发团队与管理层进行简短的记录，以确定项目的边界条件，并确保提议的项目符合公司当前的战略重点。

二、产品 / 市场匹配

这个阶段的活动包括以下内容。

（1）审查技术。

（2）定义用例。

（3）估算开发成本。

（4）确认和量化商业潜力。

（5）在此阶段结束时，团队应该与用户一起测试产品原型，确认其是否适合预期市场。

在该阶段，不仅应该定义用例，还应该确定解决方案是否最适合其在市场的位置。团队应该考虑与项目相关的技术和市场风险。为了完成这个阶段，团队需要证明它有详细的预算，准确计算与开发产品相关的成本，并定义其潜在的利润。在此阶段结束时的审查期间，团队应更详细地定义产品，并证明其技术可行性。团队应粗略地制定项目的时间和预算，并完善商业模式。

三、开发

这个阶段的活动包括以下内容。

（1）开发 MVP。

（2）确认商业计划。

（3）深入研究以了解更多关于客户是谁，以及如何接触他们的信息。

（4）开发客户使用产品所需要的任何基础设施。

（5）培训销售人员。

开发阶段是产品准备满足真实客户的阶段，在此阶段，团队在与客户的密切沟通和协作中创建了其产品原型的一系列迭代。这也是公司评估产品发布准备情况的阶段，重点领域包括产品质量、产品性能、获得的最佳功能集及展示客户支持的能力。

要完成这个阶段，进入销售阶段，管理层需要批准团队的营销支出和产品上市计划。团队可以通过确定他们计划在未来几代产品中实现的功能来规划未来，团队必须证明 MVP 按计划工作，并且市场和销售计划已经准备就绪。

将每个阶段的最终结果都视为一次产品发布，每个阶段都是更大的发布计划中的一个元素，详细内容如下。

（1）概念契合阶段在团队发布版本后结束。

（2）产品 / 市场匹配阶段在组织发布产品原型后结束。

（3）开发阶段向真实的市场发布产品。

通过将敏捷式产品开发流程与 MVP 开发流程相结合，可以创建一种混合的 4 步产品开发流程，该流程结合了基于里程碑、阶段和评审流程的最佳元素，更加灵活和精益，优化后的 4 步产品开发流程如图 3-2 所示。

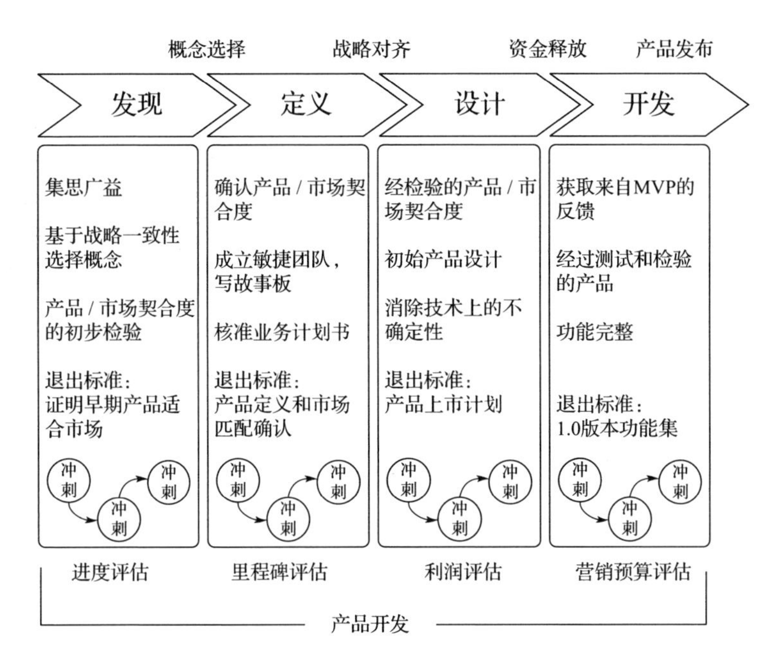

图 3-2　4 步产品开发流程

（一）发现：创意识别和创意筛选

在 NPD 流程中，这个阶段可确保产生新产品创意，但需要进行彻底的识别和筛选。使用有效的产品发现技术有助于确保产品市场适合新产品创意，这是产生新产品创意的第一步。

尽管通过发现阶段进入市场的时间似乎更长了，但是如果步骤正确，即使延长了开发时间，也会实现很大的改进。这个阶段的创意来源不仅包括头脑风暴，还包括基层研发、前端市场销售等环节。

（二）定义：业务分析和概念开发

在定义阶段，需要确定在模糊前端充分探索提出的新产品创意，具体包括以下内容。

（1）在 NPD 活动的早期对概念进行测试，同时对创意进行筛选。

（2）团队敏捷，可以自由创新和迭代，以将创意细化。

（3）测试技术，识别主要风险。

（4）在 NPD 活动的早期，为项目配备合适的资源。

（5）项目不受任何阻碍快速迭代开发因素的影响。

（6）具有重要的商业潜力。

具体的活动和退出标准可以参考概念契合阶段的内容，之后就可以投入资金进入下一个阶段了。

（三）设计

设计阶段的任务包括以下内容。

（1）技术在产品概念中被验证。

（2）制定设计和性能的标准。

（3）敏捷开发通过冲刺和客户反馈继续作为 NPD 的一个组成部分。

（4）团队对产品开发和营销的全部成本进行估算。

（5）商业潜力得到确认和量化。

在这个阶段结束时，团队应该执行原型设计并与用户一起测试模型，以确认是否符合预期的市场和营销策略。你不仅应该确定用例，还应该确定解决方案最适合其市场的位置。

需要完整地测试营销体系，应消除或大大降低与项目相关的技术和市场风险，应确定产品定价以支持业务的资金要求。要进入下一个阶段，团队需要证明它已经完成了基本设计，已经估算了产品开发和营销的全部成本，并在 NPD 的设计阶段估算了其盈利潜力。

（四）开发

开发（包括商业化）阶段的任务包括以下内容。

（1）开发功能完善的产品。

（2）在 NPD 阶段执行测试和验证。

（3）完善产品上市计划。

（4）开发客户功能。

（5）制订启动计划。

开发阶段是产品开发流程的核心，在这个阶段，产品完全实现并准备扩展，以满足客户的实际需求，团队迭代完成对最终产品的开发和测试。

如果是软件产品，一般被称为 MVP，并在推出全功能版本之前测试其可行性，从市场、分销商或合作伙伴那里获得早期反馈，这为团队提供了第二次或第三次在大规模发布之前执行迭代的机会。

如果是硬件产品，就需要制造工具，并对预生产原型进行测试，还需要对营销策略的适应性进行最终确认。当产品推出时，这个硬件产品开发流程就结束了。

硬件产品开发流程如图 3-3 所示。

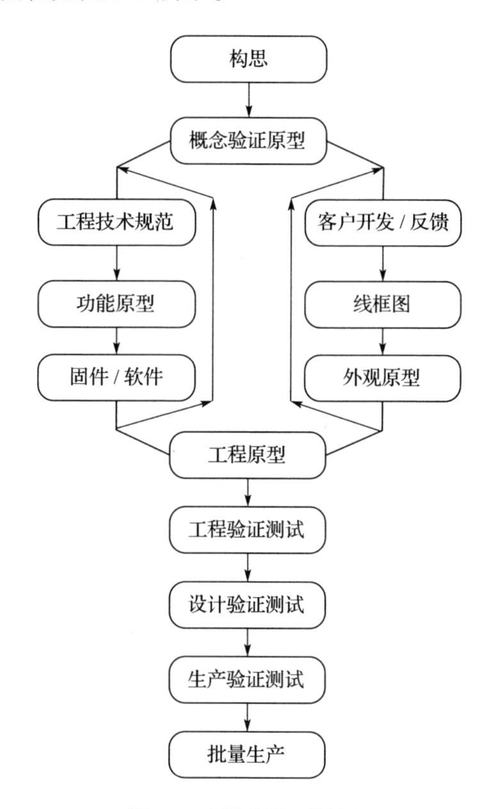

图 3-3　硬件产品开发流程

其中，构思主要涉及发现阶段和定义阶段的工作，工程验证测试和设计验证测试主要涉及设计阶段和开发阶段的工作。

第四章
产品开发流程之构思

构思从明确定义问题的范围开始，以概念验证原型结束，可以为后续的产品开发打下坚实的基础。

从构思到批量生产，硬件产品会经历许多阶段，每个阶段都有不同的制造技术，成本差异往往较大。尽管每种产品都有其独特的需求，但是总体的开发过程，以及硬件原型设计和生产流程是相似的。

首先，你必须使用工程试验板对基础技术进行验证。其次，工业设计师、结构工程师和嵌入式工程师需要进行协作。最后，在构建外观 / 功能原型时，通常使用快速原型制作技术或小批量制造技术。

通常情况下，第一次设计迭代会暴露设计的缺陷，会引发第二次设计迭代、第三次设计迭代等。

了解进度和制造工艺将有助于构建产品并尽可能地减少自付费用。但是，你至少需要经历一次完整的产品生命周期，否则很难弄清楚所有的流程。

硬件产品开发流程涉及的内容有以下几个方面。

（1）工程面包板。

（2）附加工艺：3D 打印等。

（3）注塑、热成型、滚塑。

（4）CNC 机加工或车削零件。

（5）挤压、钣金、粉末金属及其他。

（6）纸和织物。

（7）PCB。

（8）组装和包装。

（9）合同制造商。

（10）外包。

第一节　理解问题

从本质上看，所有的产品概念都来自客户的需求，而客户旅程是从一个特定用户的角度出发，记录用户与产品 / 服务接触、进入及互动的完整过程。客户旅程不仅可以遍历整个用户体验的过程，还可以用它来遍历任何问题的发生过程，以找到解决方案或优化问题。

示例场景有以下几个。

（1）招聘过程：在招聘某人之前、之中和之后会发生什么？

（2）获得产品客户：在获得产品客户之前、之中和之后会发生什么？

（3）市场营销：在客户购买之前、之中或之后会发生什么？

客户旅程能够使你更快地定位和解决问题，同时使团队达成共识。每个人在脑海中都经历过这个过程，人们会在心智上建立自己的问题地图，并逐步解决它们。客户旅程的主要工作就是列出所有的事情，并将其映射到每个人都可以使用的结构中。

一、如何进行客户旅程

你需要先确定一个正在解决的问题，然后列出解决该问题之前、之中和之后的事情。笔者曾看到一个给慕思设计床的例子，用常规的思维来看，床的功能单一，就是休息和睡觉，但是床有 3 个使用场景，分别是睡觉前、睡觉中和睡觉后。

睡觉前，我们有三四个小时可以在床上刷抖音、看微博、看书、听音乐等。那么，这张床能用最好的灯光、最好的姿势智能地配合我们去娱乐吗？以前的床是不可以的。

睡觉中，希望这张床能够监测我们的睡眠数据。

睡觉后，要去看看昨天有没有起夜、身体状况是怎样的，以及体重是怎样的。

再举个例子。

假设你有一位可爱的宝宝，每天早晨你都需要与宝宝一起吃早餐，还要帮助宝宝穿衣、洗漱，并且让宝宝在精神上准备好开始新的一天。列出宝宝早晨的行程，在宝宝醒来之前、醒来期间及醒来之后会发生什么？

醒来之前：

（1）你首先醒来，不叫醒其他家人。

（2）做自己的事情：洗漱、锻炼、准备早餐等。

（3）准备叫醒宝宝。

醒来期间：

（1）宝宝醒来，拥抱，制订今天的计划等。

（2）刷牙、洗漱、穿衣等。

醒来之后：

（1）一起吃早餐。

（2）打扫卫生，保持清洁。

（3）开始活动：亲子互动等。

一切准备就绪后就可以分步骤了。首先列出你每天早晨做的事情，如洗漱、喝水、吃早餐等。此时，你可能会意识到这实际上是宝宝醒来之前要做的事情，这些事情中并没有包含你的宝宝。因此，你需要将这些事情归为一个步骤。一旦完成了这些事情，你就可以查看每个步骤并提出解决方案，以便更好地解决问题。你可能会产生一些新的想法并改进流程。

（1）关闭卧室的门，减少噪声和光线。

（2）在前一天晚上，把你的早餐材料准备好。

（3）使用塑料碗和勺子，这样可以减少进餐时的噪声。

（4）把手机充好电，这样就不会通过电缆、插头等发出噪声。

一旦有了潜在的解决方案，你就可以改善客户旅程了。你甚至可以添加一些信息，比如，在前一天晚上，你可以列出前一天可以采取的其他措施，以使你的早晨过得更有秩序。

二、为什么客户旅程很重要

你可以轻松扩展你的客户旅程，也可以让家人加入，你们一起努力改善早晨的生活。继续扩大规模，假设你有一个由 5 人组成的家庭，扩展客户旅程以使家庭的早晨生活得更有秩序。

在没有解决整个问题的情况下，你无须了解解决方案如何影响总体目标，可以提前进入解决方案模式。如果每个人都是从同一个客户旅程开始的，那么你将获得 5 倍的精神能力，减少步骤并构建可跨步骤进行扩展的解决方案。

三、如何开始

通过客户旅程开始学习如何规划步骤、编辑步骤并进行集思广益，如表 4-1 所示。

表 4-1　客户旅程

之前			期间			之后		
触点 1	触点 2	触点 3	触点 4	触点 5	触点 6	触点 7	触点 8	触点 9
目标 步骤 1 步骤 2 步骤 3 步骤 4 步骤 5	目标 步骤 1 步骤 2	目标 步骤 1 步骤 2 步骤 3	目标 步骤 1	目标 步骤 1 步骤 2 步骤 3 步骤 4	目标 步骤 1 步骤 2 步骤 3	目标 步骤 1 步骤 2 步骤 3 步骤 4	目标 步骤 1 步骤 2	目标 步骤 1 步骤 2 步骤 3

（1）“之前”、“期间” 和 “之后” 阶段从左到右放在页面顶部。

（2）列出与每个阶段一致的所有的步骤。

（3）将类似的步骤分组，直到每个阶段只有几个步骤。

（4）细化每个垂直分组中的详细步骤。

（5）进行头脑风暴，你将如何开始解决问题，简化步骤。

针对公司面临的任何问题，练习使用客户旅程，这将帮助你分析整个问题并指出团队工作中的漏洞。它还将帮助你研究如何对工作进行分组，同时，确保解决方案不会与团队需要解决的更大问题发生冲突。

四、何时使用

你可以把客户旅程作为个人工具，即使是草稿纸，也可以帮助你理解整个问题及如何解决问题。如果你有一个清晰的客户旅程，就可以更好地设计产品。

在团队环境中，使用客户旅程通常会帮助你交付更严格的项目。它可以促使你的团队仔细考虑项目的细节，并促使项目成员努力修补遗漏的问题。

示例一：产品路线图

假设你是一家初创公司的负责人，正在寻找制造工具来改善产品的制造流程。这是一种基于软件的工具，目的是使小型公司更容易制造更好的产品。为了规划产品，你需要采访潜在客户，了解他们在生产新产品之前、期间和之后的工作。

在提出解决方案之前，你需要进行访谈，研究他们的现有工具，然后将你的流程归为一组。

（1）研究市场。

（2）提出产品概念。

（3）样机验证。

（4）出厂测试。

（5）生产制造。

（6）首批样品。

（7）第二批样本。

（8）批量生产。

（9）物流货运。

你将在每个分组中研究具体的步骤，深入了解如何开展这些步骤，以更好地了解其中的问题。一旦确定了这一点，你就可以确定利用自己的资源首先解决哪些问题。

随着时间的流逝，你会在第一个产品中添加新版本，然后添加新产品来解决客户旅程中的各种问题。你可以在自己的第一个市场（软件产品）中添加新产品，也可以将同一款产品带到类似的市场（如消费类电子产品）中。

示例二：市场

在此示例中，你必须绘制两个客户旅程。

（1）第一个用于市场的供应方。

（2）第二个用于需求方。

为了确定供应方，你需要在产品进入市场之前、期间和之后进行工作。你需要研究人们今天如何在其他市场上做到这一点，降低人们必须完成工作的核心步骤数量，降低复杂度。这样你就可以确定必须先解决这些问题中的哪些问题，然后以什么顺序解决这些问题。

为了确定需求方，你需要进行类似的过程以了解用户首次购买之前、期间和之后的情况。重要的是，你可以通过多种方式解决这些问题。

有效的解决方案并不总是新功能、新产品或新服务。有时候你可以通过内容、市场营销或销售来解决问题。当然，有时候你可以忽略这些问题，直到你有时间和能力真正地解决它们为止。

示例三：内部流程

你在加入一家新公司之前、期间和之后会进行一段客户旅程。你可以研究其他公司如何做到这一点，并采访最近加入其团队的人员。你可以从很多清单开始了解事件的流程，然后将这些流程归为一组。

（1）发现工作。

（2）申请面试－简历／推荐。

（3）筛选和面试。

（4）入职。

（5）第 1 天。

（6）第 1 周。

（7）第2周。

最终，这项工作形成了两个单独的客户旅程。

（1）第一个是在企业聘用员工之前、期间和之后的客户旅程。

（2）第二个是新员工加入之前、期间和之后的客户旅程。

它们是相互联系的，但又是分开的客户旅程。随着时间的流逝，你已经处理了客户旅程中的大部分工作。通过更广泛的客户旅程，你能够决定要进行哪些工作，以及以什么顺序进行工作。

第二节 产生创意

如何产生一种足以成立公司的创意呢？如果从预先确定的想法开始构思，那么你将无法理解问题的实质，而且问题会变得非常个人化，以致你很难将真正的机会与自己的渴望区分开。

你很可能陷入下面的错误场景中。

（1）你的客户研究受到诸如“你是否会使用这个服务或产品”之类的问题困扰，实际上这些问题并不能帮助你了解客户的问题。

（2）你的定价基于询问人们是否愿意为你假想的产品付费，实际上只有在人们付钱给你时，这个问题才能真正得到解答。

（3）在产品打开市场前，你筹集了大量的资金，但是投资者的兴趣并不一定意味着用户会喜欢你的产品。

（4）你将公司打上“产品”的烙印，之后你会意识到自己花了几个月的时间来提高知名度的品牌与公司的最终发展方向无关。

举个生活中的例子，很多人都做过“清明梦”，所谓的“清明梦”是指你意识到自己可能是在做梦，试图改变，甚至在梦里觉得已起床刷牙，准备上学，或者挤地铁。但是，无论做什么样的改变，事件的结构都没有变，因为你还在梦里。“不识庐山真面目，只缘身在此山中”。

因此，我们真正追求的是梦醒时分，就是闹钟响的那一刻，你从梦里完全挣脱出来，进入更高的阶段。

你需要从问题开始，需要比其他人更好地理解问题，需要在了解用户方面具有明显的优势，这样你才能够提供一个具有竞争力的解决方案。

有多种方法可以帮助你发现有趣的问题，第一种方法是首先列出你热衷的事情，然后探索存在的问题。

下面开始建立清单。

一、热衷的事情

（1）活动，如保持活跃的状态。

（2）体验，如听音乐、绘画。

（3）工具，如照相机。

（4）效率，如节省时间的方式。

（5）公用事业，如服装。

（6）互动，如结识新朋友。

（7）消耗品，如食物。

每个人都会对 5 ～ 6 个领域充满热情，如果他们能够解决这些领域中的问题，那么他们的积极性就会大大提高，然后针对这些领域创建热衷的事情的列表。

（1）听音乐。

（2）保持活跃。

（3）摄影。

（4）旅行。

（5）体验当地的美食。

二、生活中的问题

第二种方法是经历一天后，列出你做的所有事情，以及说明在哪里做、使用了哪些工具。

如果你想解决每个人都遇到的问题，那么问题可能与生活中的某些关键部分有关。在建立清单时可以集思广益，找到使你感到沮丧或你希望在每个方面都变得更好的事情。

从建立的清单中选择一项，你就可以开始探索其中的问题了。这里要使用上一节讲解的理解问题的工具——客户旅程。

例如，如果你对旅行充满热情，并一直在努力寻找人迹罕至的地点，那么绘制出你典型的旅行经历，列出旅行之前、旅行期间的互动及旅行之后发生的事情。

（1）旅行之前：寻找新的、具有启发性的景点。

（2）旅行期间：从协调各项准备事宜到经历冒险的整个过程。

（3）旅行之后：使我们和亲人都能记住这次旅行。

如果你要构建消费类产品模型，那么你可以使用频率与不爽矩阵模型（见图 4-1），将人们遇到某类问题的频率（从低频到高频）与客户感觉不爽的类型（从身体不爽到情感不爽）进行比较。

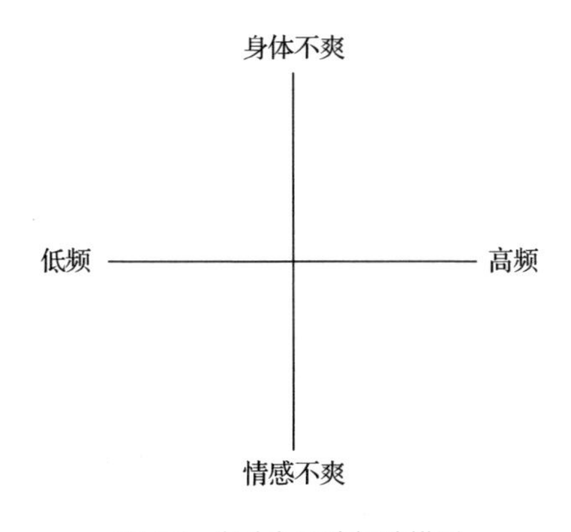

图 4-1　频率与不爽矩阵模型

在频率与不爽矩阵模型中，四个象限的解释如下。

（1）左上象限：一种不经常发生的身体上的不爽，如心脏病发作。

（2）右上象限：每天都会发生的身体上的不爽，如注射胰岛素。

（3）左下象限：一种不经常发生的情感不爽，如个人旅行。

（4）右下象限：经常发生的情感不爽，如电子邮件过多。

初创公司生产的大多数产品属于这个模型的下半部分，相应地，解决方案为客户带来了情感或精神上的好处。

个人旅行将处于左下象限中，尽管个人旅行会使旅行者本人感到高兴，但是对于个人而言，这种旅行很少发生，也就是说普通人很难在一年内进行多次旅行，因此，除非公司专注于商务旅行，否则将导致公司难以建立可持续的盈利业务。

问题发生的频率越高，你的产品越重要。例如，智能门锁市场的一个典型特点就是相对高频，每个家庭一天平均开锁约 10 次。这是各大企业纷纷入局该市场的原因之一，实际入局的锁企数量十分庞大，市场竞争异常激烈。

图 4-2 所示为创意来源，创意是新颖的想法与需求 / 问题的交集。关于创意需要明确以下两点。

（1）好创意能解决什么现实问题？

（2）如何改进创意以更好地解决问题？

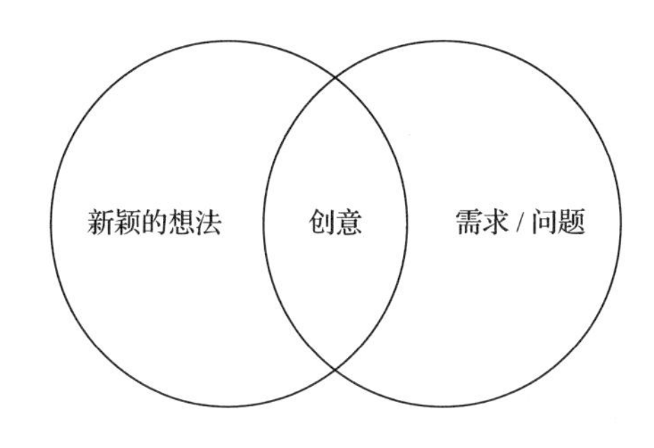

图 4-2　创意来源

当然，并非所有成功的产品都始于好创意，有些成功的项目仅仅是复制了别人创造的东西，利用毫无创意的优势并从中获利。例如，公司通过雇佣廉价的劳动力降低产品售价，或者通过现有的分销网络获得比竞争对手更多的用户。

有些好创意曾经遭遇商业上的失败，不过后来采用新方法重新包装后获得了成功，将好创意落地实施要比提出好创意更具挑战性。

第三节　执行嗅探测试

在开发新产品之前，你必须采取必要的措施来验证产品的创意，避免浪费有限的时间和资金去制造没有人感兴趣的产品。

你很可能会忽略下面的问题。

（1）你认为自己已经知道客户想要什么，并且客户会为此付费。

（2）你急于创造一些东西并匆忙完成预研阶段。

（3）你不知道如何验证自己的创意。

如果你想做一款产品，那么如何从 3 ～ 10 个想法中筛选出最好的一款产品呢？这时候就需要执行嗅探测试。但是在测试创意之前，你需要明确它的商业属性，也就是明确它能否解决问题。

（1）你的目标客户是谁？

（2）你帮助目标客户解决了什么样的问题，以及你的解决方式是什么？

如果你提出了一个可以使许多人受益的产品创意，值得你尝试开发并将其推向市场，那么怎么开始呢？你要做的是传达创意，而传达创意包括以下 4 个方面的内容。

（1）问题。

（2）解决方案。

（3）美学和价格点。

（4）竞争对手概述。

在这个阶段，你不仅可以传达自己的想法，还可以进行以下工作。

（1）确定在当前技术、预算和时间范围内需要开发的产品的特征参数。

（2）获得有关产品的合理准确的报价。

（3）减少整个设计过程中的调整次数，从而降低你的成本和减少完成设计所需要的时间。

（4）实现整体的更高品质的设计。

一、你要解决的问题和你的市场洞察力

在提出产品创意时，你需要做的第一件事就是提出在特定市场中需要解决的问题。以智能门锁产品为例，用户可能会遇到以下问题。

问题一：不能开门。

不能开门的原因有以下两种。

（1）钥匙太多，不能快速地找到正确的钥匙。

（2）钥匙丢失或遗忘在某个角落。

问题二：门不安全，有被盗窃的风险。

门不安全的原因有以下两种。

（1）把钥匙插在了门上，未及时拔出。

（2）忘记锁门。

问题三：很难分享钥匙。

很难分享钥匙的原因有以下两种。

（1）很难在任何地方共享钥匙，必须亲自交钥匙。

（2）如果把钥匙隐藏在门的附近，会有被盗的风险。

提出解决方案的逻辑可以是集思广益解决问题，或者调研现有产品并改进它们。例如，你可以查看家中或工作中拥有的产品，并检查其使用难度、质量、成本、人体工程学、电池寿命等方面的问题。

你可以通过第一手经验、阅读产品说明和评论、与特定领域或行业的人员交谈来获得市场洞察力。无论以哪种方式获得市场洞察力，你都需要展示它。

近些年，智能门锁的市场普及率快速提高，越来越多的用户开始接触并使用智能门锁。智能门锁是典型的“明天产品”，之所以称其为“明天产品”，是因为它既不是传统的高刚需产品，也不是风靡一时的“科技玩物”，它具有“明天属性”，使用者一旦使用它就再也离不开了。

如下是一则有关市场洞察力的案例。

假设你是一位技术行业出身的父亲，并且你在周一至周五的上午8时至下午6时工作，你的小孩每天下午4时放学回家，他有一把钥匙可以开门。但是有一天，当你在工作时，他打电话告诉你钥匙丢了，无法进屋。为了让他进入屋内，你必须先离开公司，然后开车半小时回家，为他打开房门，然后开车回公司接着上班。

当天晚上，你考虑使用无钥匙门锁，避免将来丢失钥匙导致驱车送钥匙的情况发生。你在网上商城里找到一种高效且易于使用的智能门锁，但是价格过于昂贵。这促使你考虑生产一款可以使人们买得起的智能门锁。

如果你无须离开工作岗位就可以为孩子打开房门，你就不会产生开发智能且低成本的门锁的想法。

二、解决方案和产品的功能特性

提出问题后，需要描述解决方案和产品应包含的功能特性。

继续以智能门锁产品为例，提出的解决方案是：智能门锁可以兼容手机、智能手表等物联网产品。

描述产品的功能特性。

功能特性一：无钥匙的门锁。

（1）支持蓝牙开锁。

（2）通过 App 远程控制开锁和上锁。

（3）使用 NFC 卡片钥匙开锁。

（4）使用智能手表开锁。

功能特性二：自动上锁，防拆报警。

（1）开门几分钟后自动上锁。

（2）在门锁被恶意拆卸时，进行报警提示。

功能特性总结如下。

（1）无钥匙：最多只带一把钥匙（电子或机械钥匙）。

（2）自动化：自动化安全检测，安心睡眠。

（3）多种颜色可选：搭配门的风格和色彩。

在描述解决方案时，你需要牢记以下几点。

（一）包括足够的图像和详尽的口头描述

图片可以帮助你描述产品的外观、感觉和功能。如果你没有特定的解决方案，那么你可以类比竞争对手的产品来描述需要的功能。

（二）确定功能的优先级

在项目前期，你可能不知道哪些功能对最终用户最重要，一开始就开发太多的功能可能让你付出高昂的代价。这就是为什么你需要从几个最关键的功能开始做起，如果你的产品与竞争对手的产品相比有明显优势，那么该优势将是你的优先功能，你需要根据其重要性确定功能的优先级。

（三）涵盖功能和工业设计

除了描述产品的功能，你还需要描述产品的外观，这将有助于指导工业设计师提出与产品外观相关的概念。

（四）创建一个 MVP

在创建产品前，最好先创建一个 MVP，以测试设计的主要功能，并收集潜在用户的反馈。

三、美学、价格及产品摘要

展示的部分可以包括任何美学灵感和零售定价。另外，提供简短的产品摘要，并提供关键需求列表，总结要开发的功能。同时，如果产品有多个系列，就需要提供定价范围或等级。

美学灵感：现代化与环保相结合（木质 + 玻璃 + 铝合金）。

描述：更方便、更安全的智能门锁。

定价：999 元。

关键特性如下。

无钥匙：使用蓝牙和手机 App 开锁。

自动化：自动检测开关锁。

多种设计：可搭配各种门的风格。

摘要可以为你提供快速参考，价格使你能够评估如何确定功能的优先级及要包含的功能数量。

四、竞争对手

你需要研究市场竞争情况并确认产品存在于市场中。当企业进行竞争研究时，一个普遍的误解是“发现任何竞争都是不好的”。竞争很可能让大多数的创业者感到恐慌并认为自己的产品项目将止步于此。竞争实际上是好事，因为其从侧面证明了你的产品创意有市场。

竞争产品信息很重要，因为你需要知道产品的改进范围，以及如何在不重新“发明轮子”的情况下实现这个目标。通过一些研究，你可以参考竞争对手的产品并通过反向工程来降低研发成本和减少研发时间。

你还可以调查竞争产品的线上销售状态并阅读竞争产品的购买评论，了解客户不满意并可以解决的问题。

下面是你需要了解的竞争产品信息。

（1）竞争公司的名称和网站。

（2）竞争产品的名称和竞争产品的链接。

（3）竞争产品的外观图。

（4）竞争产品的零售价。

（5）相关的技术功能，如功耗、电池寿命、温度范围等。

（6）独特卖点（USP）：与市场上的其他产品相比，竞争产品成本是否较低、是否具有远程功能、是否轻巧或便携等。

当确定了创意的商业属性后，你就可以开始对创意执行嗅探测试了。所谓的嗅探测试，就是你对创意进行的一个自我测评，从不同的维度对创意进行打分，最终选择得分最高的那个创意进行产品开发。

五、嗅探测试步骤

在现实中，怎样使用嗅探测试检验创意呢？

首先，把你的想法罗列出来。例如，想法 1、想法 2、想法 3 等。其次，绘制一张表格，根据 5 个维度进行打分（1 ～ 10 分）并统计总分，如表 4-2 所示。

表 4-2　嗅探测试

维　　度	想　　法		
	想法 1	想法 2	想法 3
疼痛度	8	3	6
自适度	9	6	3
可持续度	2	8	6
可验证度	3	5	7
进入壁垒	5	4	8
总计	27	26	30

（一）疼痛度

疼痛度是指你做出来的产品是否有人愿意付费购买。一般来说，如果用户愿意付费购买，就代表痛点是存在的，用户付费的意愿越强，疼痛度越高。

例如，你是从事教育行业的员工，公司想开设一门新课程，让你去做用户访谈。经过沟通交流，大部分用户表示想学习并愿意付费购买，也就是说他们认为你的创意能够解决他们的痛点问题。

（二）自适度

自适度是指你目前的创意与你是否有关联性，创意既可以与工作内容相关，也可以与兴趣爱好相关。你越了解这个领域，你的自适度越强。例如，你在兽医行业摸爬滚打了 10 年，现在想开设一个科普宠物知识方面的公众号，这完全没有问题。如果你是一位不喜欢运动的宅男，但是你又要做一个健身类的 App，那么这就和你的兴趣或生活习惯不一致，匹配度不高，你的自适度很低。所以建议做和自己相关的产品。

（三）可持续度

可持续度是指根据你的创意开发了产品之后，在未来是不是有长期的市场需求。例如，秀米 XIUMI App 是专门帮助微信公众号的运营者做排版的，开发人员在研发这款 App 的时候，肯定会判断 App 在市场的可持续度。

（四）可验证度

可验证度是指产品是否可以通过比较快捷的方式进行验证。你在提出想法的时候并不知道目标用户能不能接受这个想法，这时候你可以先做出简易版本，交给目标用户测试，看他们能不能接受。例如，你要开发一艘宇宙飞船帮助人类探索宇宙，你要先测试用户需求，但是做出原型产品实在有些难度，从可验证度上讲，也就是相对不容易做出产品，不过运营一个相关的微信公众号还是很好验证的。

（五）进入壁垒

进入壁垒又称“可复制度”，是指潜在竞争对手复制该产品的难度，即你的产品的先天优势。例如，你有不可复制的资源和在这个领域的权威性，如果是做课程的话，那么你的课程有什么独特性是不能被同行复制的？

在校门口摆摊卖煎饼和开办一所民营学校，前者比后者更容易被模仿、复制。执行嗅探测试，通过以最终得分排序的方式做出快速判断，得出最优解，测试你的创意是否值得继续往下做。

第四节　制订初步计划

为了进一步验证创意，首先需要核实现状，确认它是不是你真正想做的产品。制订初步计划可以帮助你做出选择。

在这个阶段，你最关心的两个问题如下。

（1）这个创意真的有意义吗？

（2）最终获得的回报会大于付出吗？

在你估算成本、市场需求、设计所需时间的过程中，产品的轮廓会逐渐变得清晰（主要涉及产品的特征和功能）。

进行正式的市场调研、制订详细的产品计划等都需要花费大量的时间和精力，为了节约时间和精力，你只需要在初步计划中粗略地回答一些基本的问题，就足以评估成功的概率有多大。如果成功的概率很小，你就可以快速抽身。

在制订初步计划时，你需要回答以下问题。

（1）我们的产品用来做什么？它看起来是什么样子的？

（2）有多少人想买这种产品？他们愿意花多少钱？

（3）开发这种产品要付出什么代价？

（4）在制造与物流环节要花多少钱？

（5）有什么好方法可以用来推广和销售产品？

（6）有人做过类似的产品吗？他们成功了还是失败了？原因是什么？我们的创意和执行力在什么地方比竞争对手做得更好？

（7）谁参与了这个产品的设计、开发、推广和销售？他们期待得到什么回报？

（8）我们需要为这个产品额外募集资金吗？从哪里能够获得需要的资金？出资方要多少回报？他们提供资助的可能性有多大？

如果你不是这个产品领域的专家，那么你可能需要与技术专家、市场专家、潜在用户进行简短的沟通。在这个阶段，你更多关注的是产品本身。不过要想成功，你还需要关注另外一个重要的内容：产品利益相关者的潜在需求。

在制订初步计划阶段，你需要确定产品利益相关者的目标，这样才能知道如何让每个人都满意。

如果是在大公司，你需要充分了解可动用的资源，如人力、物力、财力等，并且要明确对投入的资源所期待的回报，如金钱、市场份额、声誉、新技术的经验等。大公司通常有专人或部门来权衡产品研发的成本和收益，决定是否继续推进产品研发的进度。

对于那些由兼职或小团队所做的小项目来说，其负责人有类似的期望，他们希望自己投入的时间和金钱能够得到回报。

不同的人希望投入的资源（时间、金钱等）不一样，要让每个人都满意并非易事。不了解各方的投入意向和期待的回报往往会导致项目失败。项目就像一段客户旅程，往往持续几个月或几年，如果团队成员、投资人、其他产品利益相关者的需求得不到满足，他们就会变得消极。

因此，在项目开始之前，最好先了解清楚每个产品利益相关者愿意付出什么，以及期望获得什么回报，并且根据可能发生的变数建立一些规则，这里的变数可能是有人怀孕生子、离职跳槽、项目预算耗尽等。

了解清楚每个产品利益相关者的投入意向和期待的回报之后，有两种策略可以将项目和团队的需求整合在一起。

（1）让项目适应团队。

（2）让团队适应项目。

如果有多个项目，而团队只有一个，最好的办法就是选择其中能激励团队的项目，然后开始做计划，使项目能满足团队的需求。

如果团队不止一个，事情就简单了。例如，你可以或多或少地根据项目需要的资源选择合适的团队来负责，根据团队成员的需求和期望来确定产品的开发流程。新产品想要在技术层面和商务层面都获得成功，策划层面需要相当出色才行。

在你开始制订详细计划之前，应该先进行初步的评估，判断是否有可能成功。如果失败是显而易见的，那么应该立即停止项目，去实现那些更有希望获得成功的创意。如果你断定这个创意获得成功的可能性很大，那么接下来，你需要投入更多的精力去进一步完善细节，为最终决策做好准备。

在大多数情况下，在分析的过程中，你很容易发现难以解决的问题（如实现某些新技术的成本高、难度大），于是做出不开发某产品的决策。一款新产品获得巨大成功的情况是很少见的，如果你相信自己的创意会大获成功，还有可能陷入危险的乐观主义。

每个新机遇都会有一些风险，挖掘那些具有潜在优势并且看起来风险可控的新机遇。以你对这款产品的功能、目标用户、生产成本、收益、市场策略、营销渠道和资源的初步认知，来评估开发某款产品是否有意义。

（1）成功的概率有多大：很大、很小，还是介于两者之间？

（2）开发过程看起来是一场冒险，还是难于登天？

（3）你能让利益相关者都满意吗？

要想获得成功，最重要的是做出明智的选择。用勺子挖一条通向地心的隧道是一件很酷的事，同时也是一件很蠢的事，因为根本行不通。项目计划最重要的目的之一就是确保你选择了一场有可能获胜的“战斗”。

项目计划需要解答以下问题。

（1）这款产品开发出来之后有可能获得成功吗？

（2）如果这款产品有可能获得成功，那么开发它都需要什么（成本、时间、人力等）？

（3）根据产品收益判断这款产品是否值得投入？

下面继续以笔者负责的智能门锁产品为例，带大家详细了解该过程。

一、市场需求

在制定初步计划之前，最重要的是先初步定义产品——不必是完整的设计，也不能是模糊的概念，初步定义产品有两个好处。

（1）全面考虑产品特征，这对于了解产品的潜在市场、制造成本，以及开发中将要面临的困难有重要意义。这些产品特征针对的是产品用途而非技术，这些产品用途有时被称为"市场需求"，因为这些是市场部门最终会向用户宣扬的，也是普通用户能够听得懂的需求。

假如之后的调查支持开发该产品，我们将创建另一种需求——技术需求，里面会包含把这些目标落实为具体参数的细节。根据技术需求，我们能够清楚地了解产品能为用户做什么。

（2）确保所有的产品利益相关者（如合作者、潜在用户等）谈论的事情在同一个频道上。换句话说，需要确保当你想的是像 iPhone 一样的设计时，他们想的不是华强北。

二、目标市场

要想把智能门锁卖出去并且实现盈利，必须先弄清楚这款产品的潜在客户是谁，这样我们就能大致估算潜在客户的规模，并考虑他们的潜在需求。通常为一款产品确定重要的目标市场不会太难，但确实需要花费一些心思。显然，选择那些规模更大、对我们的产品有强烈的需求，还愿意花钱的目标人群是最好的。

智能门锁的目标人群如下。

（1）"80 后""90 后"中的高收入家庭，他们具备一定的经济实力，对新事物的接受能力强。

（2）需要出租房屋的房东、中介公司，只需要发送一个临时密码，租户便可以自行看房。即使频繁地更换租户，门锁也不用更换，删除老租户的信息，同时新增新租户的信息即可。

至此，我们从较高的层次上定义了产品和目标市场。接下来，我们要做调查，研究这款产品和它面向的市场是否真的是一个难得的商机。

三、客户采访

研究显示，很多时候，创业者并不会认识到自身对客户的问题的无知，不会花费时间和精力与潜在客户沟通以发掘自己不明白的地方，而是会遵从脱离现实的原则：只要把东西做出来客户就会购买。

数据分析公司 CB Insights 对 200 多家失败的创业公司进行了事后分析，发现导致失败的主要原因（超过 40%）是市场接受度低。

这些企业开发出来的产品和服务并不能有效地解决客户的问题。客户采访很关键，我们可能会认为自己的产品或解决方案对目标行业或细分市场的客户有用。但是，他们很可能不会花钱购买我们的产品，因为对于他们来说，我们的产品的功能微不足道，甚至他们根本不需要。

如何进行客户访谈呢？进行客户访谈需要注意以下 4 个方面的内容。

（1）做笔记建立信息数据库。

（2）不要讨论你的产品或解决方案。

（3）进行无障碍对话。

（4）不仅要聚焦人们正在说的信息，还要观察他们是怎么说的，以及收集那些没有说的信息。

四、前景预测

在投入时间和金钱开发产品之前，我们最好能明确最终能否赚到钱。判断一款新产品是否有利可图会非常复杂，因为你需要考虑所有的细节和可能性。

评估收益在很多情况下并不靠谱，但是它有以下两点好处。

（1）能找出一些足以使整个项目陷入停顿的事。例如，我们不得不设置高价以抵消产品开发、制作的成本。如果我们设计的磁悬浮儿童车每辆必须定价10万元才能回本，那么我们最好放弃这个项目。

（2）能让人们感知产品的潜在前景。哪怕我们做了一个伟大的产品，也有可能只有少数人需要它，在这种情况下，除非每个产品都有巨大的利润空间，否则会得不偿失。

产品的销售收入很好计算，它等于售出的产品数量和产品单价的乘积。但是，确定产品的价格比较困难（除非我们在为已经大卖的产品开发下一代产品）。与软件产品不同，硬件产品从设计到上线需要多渠道及供应链的建设支持，前期投入多，试错成本高。

尤其是对于初创硬件公司而言，很难通过A/B测试来检验自己的价格策略。同时，为不同的客户做出价格改变意味着公司的产品只能有一个每个人都想知道的价格。

产品定价之所以很困难，主要有两个原因。

（1）定价决定收益，也就是决定产品能在市场上保持多久。

（2）我们被自己设置的初始价格卡住了，提价困难，导致利润难以提高。

虽然我们想使产品定价在消费者可以承受的范围内，但是在刚开始时仍然不能定得太低，因为我们面临的是一个先有鸡还是先有蛋的问题。产品的价格取决于产品的销量，但是如果我们不去实际销售产品就不可能知道产品的销量，而在销售前，必须先为产品定价。

从另一个方面来说，总成本由很多要素组成，预测起来相对容易。总成本大致包含以下项目。

（1）产品生产的直接成本，如原材料、合约制造成本等。

（2）研究和开发成本。

（3）运营成本，如工作人员的薪资、广告成本、用户支持成本、租借成本、日常开支、设备和补给。

（4）容易忘记的项目，如贷款利息、税款、设备折旧等。

当我们决定将产品推向市场时，一定要进行全面预测，将所有的要素考虑在内。在这个过程中，不必考虑每个细节，我们只需要试着搞清楚产品能否一推向市场就可以赚钱，仅此而已。

在制订初步计划阶段，我们只需要关注以下几个基本方面的内容。

1）收益

（1）预计卖掉多少产品？

（2）每件产品的售价是多少？

2）成本

（1）制造这款产品的成本是多少？

（2）应用的技术是否极其昂贵、无法实现或需要购买？在我们搞清楚如何开发和制造这款产品之前，是否必须先进行一个大型（成本高昂）的调查项目？

3）整体考虑

（1）预计这款产品的毛利率是多少？与同类产品的毛利率是否一致？

（2）在制订初步计划阶段，如果这些问题的答案都比较理想，那么我们需要在制订详细计划阶段针对这些问题、收入和成本，进行更加具体的预测。

五、收入预测

花一些时间考察产品的潜在市场规模是很有必要的，潜在市场是指产品的预期销量。

卖得越多赚得越多，除此之外，销量还对产品的生产成本有很大的影响。一般来说，销量越高（预计年销量），单件产品的成本（包括元件和组装）越低。

随着销量的增加，产品的单位成本将不同程度地降低。当然，为了使产品在市场上建立良好的口碑，随着销量的增加，市场推广成本也会一定程度地增加。因此，对于一款复杂的产品来说，在进行小批量生产时，成本可能高得惊人，而在大批量生产时，成本反而会更低。

在估算潜在市场规模时，我们往往会片面地夸大产品的优势。要想快速地摸清市场对某款产品的需求情况，即了解潜在市场规模，最佳的方法是调查市场上同类产品的需求情况。通过调查，可以知道有多少人愿意购买我们的产品，以及愿意花多少钱购买。

我们通常会认为，自己的产品创意是革命性的，但是实际上几乎所有的新产品都能在市场上找到类似的产品。例如，人们通常认为苹果公司推出的 iPod 是一款具有革命性的产品，但是这并不意味着市场上不存在同类产品。当时，市场上早已存在其他品牌的个人数字音乐播放器。

六、生产成本

单件产品的生产成本决定着产品的成败。通常情况下，一款产品的生产成本必须远远低于售价才能盈利。单件产品的生产成本只包括生产一件产品的直接成本，不包括研发投入、管理成本、营销成本等间接成本。

要合理地评估单件产品的生产成本，需要先了解产品要使用哪些元件，然后计算出购买这些元件的成本和组装成本。

组成产品的元件分为以下两种。

（1）电子元件。

（2）机械元件。

一般情况下，我们不把软件看作单件产品的生产成本的一部分，但是如果软件需要授权费的话就另当别论了。例如，在使用涂鸦智能公司的 Wi-Fi 模组时就涉及授权费。

七、毛利润

对于初创硬件公司而言，现金流意味着公司的生命线，定价会直接影响公司的毛利润，公司的毛利润直接决定其收益。毛利润是公司卖产品给客户获得的钱与企业将产品交付到客户手中需要花费的钱的差额。

不同类型产品的毛利润差别很大，一般会通过计算毛利率代替。在同一个行业中，大多数公司的产品的毛利润差不多，因此为一款产品评估毛利润有助于我们判断这款产品是否具有商业潜力。

八、可行性预测

在该阶段，我们只关注一个问题，即在产品开发中，有没有哪项技术是我们无法实现的？该技术既买不到，也无法通过其他的方式获得。

一旦确定了你的产品存在市场、值得开发并且你有能力将其开发出来，下一步就是验证人们是否会真正购买你的产品。例如，验证你的新产品创意的一种方法是制作销售宣传手册，并与使用或售卖类似的产品的潜在客户或零售商分享，获取他们对你的硬件产品的反馈。

你可以设计一个在线销售页面来测试自己的想法，众筹是一种很好的验证形式。关键是你必须与许多潜在客户分享产品想法，这些潜在客户将为你提供有效的反馈。

第五节 构建概念验证原型

在这个阶段，必须回答的问题是，你的概念是否确实能够解决预期的问题？解决预期的问题也是概念验证的目标。概念验证原型一般是使用现有组件创建的早期原型。对于硬件公司而言，了解概念验证原型的开发过程、需要创建的各种原型，以及可以使用的电子原型制作工具至关重要，下面会陆续介绍产品开发过程中的各类原型设计。

一、原型制作的重要性

（一）降低风险：原型 = 经验

产品开发是一个反复的过程，创建的原型越多越好。你可以了解更多的有关下一版本要克服的挑战，以及改进原始思想的方法。通常情况下，在开发新产品时，越早确定改进的领域，进行更改和改进的成本越低。

例如，对你的创意进行更改不会花费任何成本，但是如果在产品交付后发现错误，意味着你的事业可能就此走到了终点。

原型制作可以让你很好地了解物料清单的成本并大致估算产品的零售价。

（二）获得资金

通过有形的实物证明你的创意更能激发潜在投资者的信心。除了证明概念，原型是一种很好的方式，使你可以感受产品的外观，并在不同的条件下进行测试，获得用户的反馈。

每个原型都有其目的：演示产品的功能、用于市场营销、确保资金投入、测试人体工程学、测试某些假设或收集有关该产品的更多数据。因此，产品开发的不同阶段需要最适合该特定阶段的不同类型的原型。

二、什么是概念验证原型

概念验证（Proof of Concept，POC）原型是验证问题的主要假设，通常是你的创意的第一个有形表示，旨在证明其在现实世界中的技术可行性。

POC 原型很少会完全像最终的产品那样运行，它只有一个目标：以最低的成本证明产品的基本概念。对于电子产品来说，通常使用现成的开发板，如 Arduino、树莓派或面包板制作原型。

Arduino 是一个开放源代码的电子原型平台，它易于使用，可用于创建一些核心的电子项目。

POC 原型通常仅用于确定新产品的创意的实用性，客户很少看到它。POC 的唯一目的是演示产品创意的核心功能。因此，在当前阶段，美学、定制 PCB 和设计等并不是优先考虑的事情。

如果你对产品是否能真正地解决预期问题有疑问，那么创建 POC 原型最有意义。如果有多种解决方案可以解决目标问题，但是你不确定哪种解决方案是最佳的，那么 POC 原型可以提供很多有价值的见解。

如果你不具备创建自己的 POC 原型的技能，或对解决方案的可行性有重大疑问，那么最好完全跳过 POC 阶段。大多数的大型科技公司绕过了 POC 阶段，一般直接从生产版本开始，这是进入市场的较快途径。

大型科技公司的资金要多得多，它们有丰富的用户数据，可以采用费用昂贵的捷径，而这些捷径是普通初创企业无法承受的。一些设计工程师不认可 POC 原型的概念，因为 POC 原型跟最终的生产版本差异太大。如果你对解决方案有基本的疑问或担忧，并且预算有限，那么创建 POC 原型将是最有效的一种验证方式，但是会增加将产品推向市场所需的时间。

可以将电子产品封装在现成的塑料盒中，或者封装在木盒中。如果项目需要，则可以使用金属外壳、防水外壳等。一些制造商还会根据你的要求向你提供在外壳上切出孔和槽的服务。如果你需要更多的定制产品，那么可以利用3D打印和激光切割之类的技术来定制外壳。

需要反复构建POC原型，此过程涉及的技巧包括以下几种。

（1）在构建POC原型之前，需要先有很多创意，然后用最好的创意进行POC原型设计。

（2）专注测试假设。

（3）优先考虑速度而不是质量。

（4）使用现成的零件快速搭建模型。

第六节　营销渠道与业务模式

一、营销和分销渠道

在买方市场，企业的机遇一方面在于市场的变化和产品的迭代，另一方面在于把握营销机遇。你需要高度关注市场营销。如果不能做好营销和分销，那么你的产品再好也没有意义。尤其是在互联网时代，不发声就代表你不存在，更别谈施展影响力了。

营销大师西奥多·莱维特认为，没有哪个有效的公司战略不是营销导向的。从本质上来说，产品是一种营销手段，是吸引和留住客户的“道具”，这种“道具”的价值在于满足客户的需求，通过满足客户的需求获得利润。

很多人混淆了销售和营销，营销是让人们了解你的公司和产品的过程，是指企业发现或挖掘准消费者的需求，从整体氛围的营造及自身产品形态的营造上推广和销售产品。主要是深挖产品的内涵，贴合准消费者的需求，从而让消费者深刻了解该产品，进而购买该产品的过程。换句话说，就是使出浑身解数展示你的公司和产品，并营造出一种“你很靠谱”“我就是你想要”的氛围。一旦他们了解了你的公司和产品，就会从销售人员手中购买产品，从而从潜在客户转化为实际客户。

当你拥有可以提供给潜在客户的产品原型后，销售过程才开始。在拥有高质量的产品原型之前，你确实无法开始销售，但是你可以尽快开始营销。

营销的成功是建立在发展关系之上的，与潜在客户建立关系后，他们会更容易对你提供的服务感兴趣。除非你有足够的预算可以花费在广告上，否则内容营销是迄今为止传达信息的最佳策略。

确定产品创意后，你就可以开始创建高质量的内容，以吸引对你的产品感兴趣的潜在客户。内容营销成功的关键是给予，你需要提供大量有用的内容，而不要过早地提出要求。

拥有客户群体可以帮助你收集有关的产品应该包含哪些功能的反馈，这在你进行众筹活动或开始销售产品时至关重要。例如，小米公司在做手机之前就已经通过 MIUI 系统积累了大量的用户口碑。

由于还没有产品可以销售，你应该写什么呢？不要只是谈论你的产品，相反，你必须提供目标客户想要消费的有用内容。例如，如果你的产品是儿童安全设备，那么你可以撰写有关儿童安全和育儿的各种主题的内容。该客户群体可以为你提供有价值的反馈，帮助你调整产品概念。

很多硬件产品一旦推向市场就会失败，实际上它们真正需要的是一种预售产品的方法。众筹、营销和在线销售都可以为你节省资金，这些策略可以使你提高成功概率。

初创软件公司有一个优势：它们更有能力快速地在市场上获得产品的精简版——MVP，并查看是否有人真的想要它。

对于初创硬件公司来说，需要复制初创软件公司的策略。

例如，在网站上进行众筹不仅可以筹集资金，还可以获得市场反馈，因为人们会用“真金白银”为你的产品投票。在过去，你很难在硬件产品全面开发之前进行测试，但是众筹可以使你在产品全面开发之前进行产品销售。当然，前提是你需要有 POC，这样付出的代价要小很多。

二、硬件业务模型

硬件业务模型可以分为 3 个不同的类别。

（一）硬件即服务

硬件即服务是互联网硬件企业常用的商业模式，需要客户支付日常费用后才能使用或租赁设备。这种日常费用包含软件许可或服务费用，有的按时间（每年、每月）支付，有的按计量（按字节或用户）支付。

硬件即服务类的公司通过收取日常费用，而不是通过首次销售时获得的高毛利率来优化其终身价值。例如，智能硬件方案商涂鸦智能公司通过将云服务和网络模块绑定，卖硬件的同时卖服务。

（二）硬件的服务产品

与硬件即服务模式不同，硬件的服务产品模式中的服务是可选的。使用此模式的每个硬件产品都必须在每个单元的销售中获得可观的利润，这种模式主要用于存在增值行为的消费类产品。例如，小米公司生产的监控摄像头，用户可以自装 SD 卡，也可以购买云服务。

（三）消耗品

消耗品模式依赖一次性的硬件销售和持续不断的“消耗品”销售，其通常不仅需要 Web、移动软件产品和硬件产品，还需要从头开始构建快速的自定义分发系统。

典型的例子是“剃须刀和刀片”模式，通过销售便宜的“赠品”（剃须刀），用户需要持续且大量地购买“消耗品”（刀片）才能发挥作用。

Keurig 公司是美国的一家胶囊咖啡及咖啡机生产商，产品的核心系统非常简单：一台机器（冲泡机）和一个用于包装单份咖啡的专有系统 K-Cups，公司的收入绝大部分来自咖啡。但是，Keurig 的客户的使用体验在心理上与剃须刀、刀片完全不同。

几乎每个需要再次购买刀片的人都会存在负面情绪，而 Keurig 的客户始终有积极的购买体验。这主要源于一个简单的事实，即客户不是在购买替代品，而是购买了真正想消费的东西。

两种商业模式存在明显的界限。例如，当你打开 Kindle 电子书阅读器的包装盒时，你会为拥有一项新技术而感到兴奋。该产品的意义在于阅读，当你购买并阅读第一本书时，产品体验的“魔力”就来了。

笔者曾经使用了一段时间的某品牌滤水壶，随着时间的流逝，需要更换滤芯才能使过滤效果恢复到最佳。而购买 3 支滤芯的费用比购买滤水壶还要贵，这种购买体验令人生厌，没过多久笔者就不再使用了。

第五章
产品开发流程之设计

通过构思阶段，你已经了解了要解决的问题，以及如何解决该问题。设计阶段的目的是优化解决方案，以便设计出用户可以正常使用的产品。

设计阶段的每个步骤旨在测试产品外观，以及用户如何与其进行交互的假设。

第一节　用户反馈与线框图

一、用户开发与反馈

专注用户反馈的初创企业更有可能获得成功。构建 POC 之后，要将原型放置到潜在客户可能使用的环境中。只有当你看着产品被使用时，你才能了解你的设计是多么糟糕或多么精彩。

用户开发与反馈阶段的采访要点有以下几个方面。

（1）详细记录笔记或录音。

（2）尽可能建立长期沟通反馈机制。

（3）针对 B2C：允许用户自行使用该产品，不进行解释或提示。

（4）不要问用户会改变什么，观察他们如何使用它。

（5）不要过多地关注细节，如颜色和尺寸。

二、线框图

获得足够的反馈之后，你需要对产品的设计进行迭代，线框图（产品、App、包装）的制作过程从完整的产品体验（高级“草图”）开始。

（一）高级“草图”

这个阶段主要包括以下几个方面的内容，这也是用户的产品旅程。

1. 包装

（1）你的包装是什么样的？

（2）你如何用 9 个以内的字来表达产品的含义（产品功能）？

（3）你的包装盒有多大？

（4）产品在商店货架上的什么位置？

2. 销售

（1）你的产品在哪里销售？

（2）客户在购买产品之前如何与之互动？有互动显示吗？

（3）客户在购买产品之前是否了解你的产品？

（4）客户是冲动性购买吗？

3. 拆箱

拆箱体验应该是简单的，并且不需要耗费客户太多的精力。

4. 设置

（1）客户需要经历哪些步骤才能做好首次使用的准备？

（2）除了包装盒中附带的配件，还需要什么？

（3）如果产品无法正常工作（如无法建立 Wi-Fi 连接或未安装手机 App），怎么办？

5. 首次使用

（1）如何确保用户快速地熟悉你的产品？

（2）你在产品中设计了什么亮点功能来取悦用户？

6. 重复使用或特殊用例

（1）如何确保用户始终使用你的产品并享受体验？

（2）你的产品可能会遇到特殊的用例，如连接或服务丢失、固件更新等，该怎么办？

7. 用户支持

（1）在用户遇到问题时，他们会怎么做？

（2）如果让他们退换产品，该交易或设置如何呈现？

8. 寿命终止（EOL）

（1）大多数的产品在 18 ～ 24 个月后就会被淘汰，如何迭代？

（2）你希望用户复购吗？

（3）他们如何从一种产品过渡到另一种产品？

这个过程的目的是对产品的设计进行迭代，当线框图的制作过程结束时，就可以做到很好地了解客户将会如何与产品设计的每一个流程进行交互。

（二）产品包装设计

产品包装设计主要分为以下两类。

1. 在原有设计的基础上进行升级

（1）原来的包装设计太丑，需要优化视觉形象。

（2）企业进行战略性调整，原来的设计不符合全新定位，需要重新设计。

2. 原创包装设计

根据产品的属性、定位，设想具有突破性的设计创意，进行视觉创意。

包装会涉及平面设计，而平面设计需要遵循一定的思维模式，以中秋节宣传海报为例，可以从以下 3 个方面来设计。

（1）平面字体：中秋节为中国的传统节日，使用书法类字体更能引起大家的共鸣。

（2）基础场景：基础场景为一轮圆月挂在半空，家人共赏美月，温馨自然。

（3）氛围素材：可以使用花灯、小船等，烘托氛围。

将产品合理地布局到场景中，可以起到很好的宣传作用，中秋节宣传海报的场景与布局如图 5-1 所示。

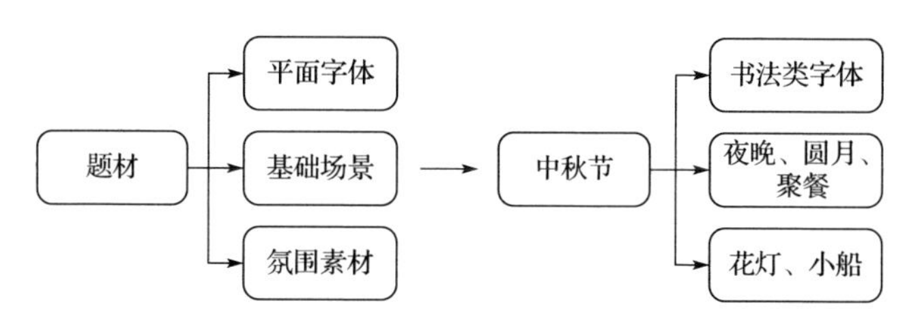

图 5-1 中秋节宣传海报的场景与布局

（三）UI 设计规范

在确定 UI 设计规范之前，首先要确定页面风格，主要从以下几个角度思考。

1. 产品经理

（1）商业目标：为什么要做这款产品？

（2）所在行业、竞争对手、竞品分析。

（3）相关资料：VI、Logo、网站、PPT、线下资料。

2. 客户（购买产品的人）

分析其年龄、背景、喜爱的风格。

3. 用户（使用产品的人）

（1）目标人群及特点。

（2）用户痛点及需求。

（3）使用场景。

UI 设计流程如图 5-2 所示。

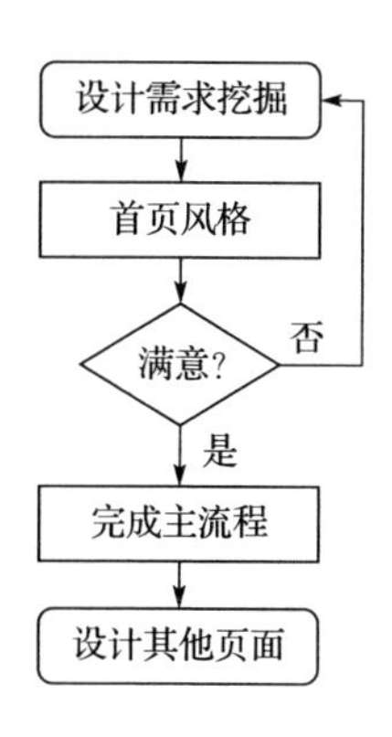

图 5-2 UI 设计流程

4. 内容规范

（1）标准色：样式、色值、应用场景。

（2）字体：中英文字体名称、样式、字重、字号、应用场景。

（3）页面图标：尺寸范围、触控范围、颜色。

（4）间距：列表项间距、图文间距、留白、文字与文字的间距、行距。

（5）列表：文章列表、标签列表。

（6）图片：图片尺寸、比例。

（7）头像：普通尺寸、特殊尺寸、应用场景。

（8）形状：描边、线分割、矩形分割线、矩形、圆形、椭圆形、色值、尺寸大小、圆角大小、阴影。

（9）背景：背景多预留一些，避免拉伸、压缩。

（10）蒙版：不透明度。

（11）按钮：尺寸大小、颜色、状态（不可点击、可点击、按下时）。

（12）表单：输入控件、大小、文字、验证提示。

（13）弹框：默认操作提示框、默认错误、警告、成功提示。

（四）说明书设计

纸张选择

市面上的普通宣传单采用 128 克铜版纸，普通名片采用 300 克铜版纸，折页式说明书采用 128 克铜版纸，彩印、不覆膜，机器折好即可。铜版纸的克数与厚度的关系如表 5-1 所示。

表 5-1　铜版纸的克数与厚度的关系

铜版纸 / 克	厚度 / 丝	厚度 / 毫米
128	10	0.10
200	16	0.16
150	22	0.22
300	35	0.35

注：1 毫米 =100 丝（丝为非法定计量单位）。

第二节　外观设计

产品的外观“颜值”是我们内心永恒的期待，而在产品的更新迭代中，外观迭代最频繁，因此自然独立出一个领域，专门用于完善产品的外观，我们称之为外观设计。

由于消费类产品对外观要求较高，初创企业往往没有 ID 设计师，很多时候需要与设计公司或个体合作。一般来说，1 份设计合同会提供 3 份不同的原型设计方案，企业从中挑选 1 个原型设计方案作为选定方案。外观设计的确认过程如图 5-3 所示。

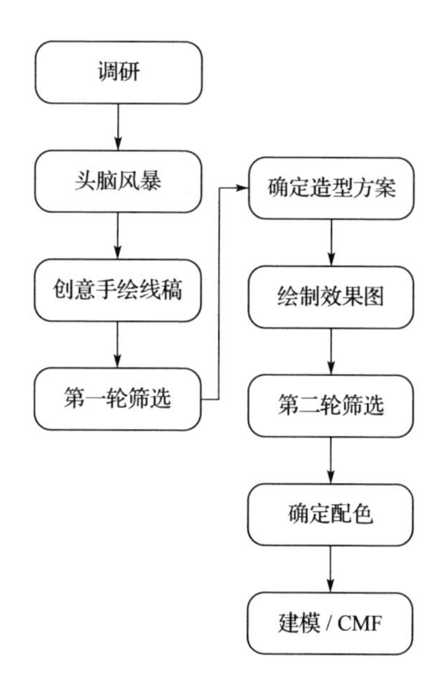

图 5-3　外观设计的确认过程

选定设计方案后，需要进一步沟通并进行细节调整，包括调整整体尺寸和颜色搭配。细节调整完成后，开始安排制作手板（验证模型）。

外观设计需要多部门配合，如图 5-4 所示。

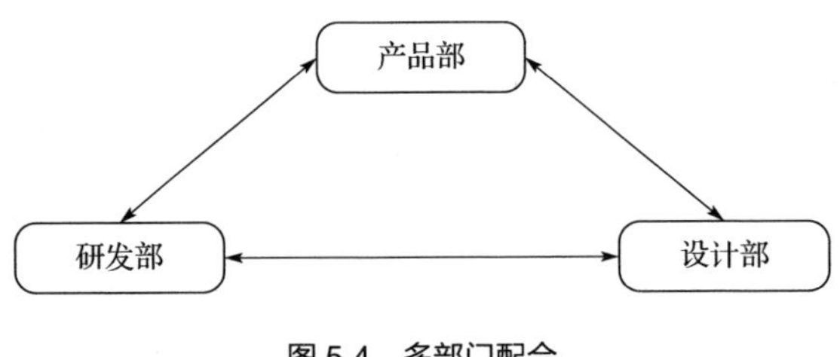

图 5-4 多部门配合

外观设计分为形态设计和 CMF 设计，其中 CMF 是 Color Material Finishing 的缩写，即“颜色、材料和表面工艺”。外观设计与工业设计如图 5-5 所示。

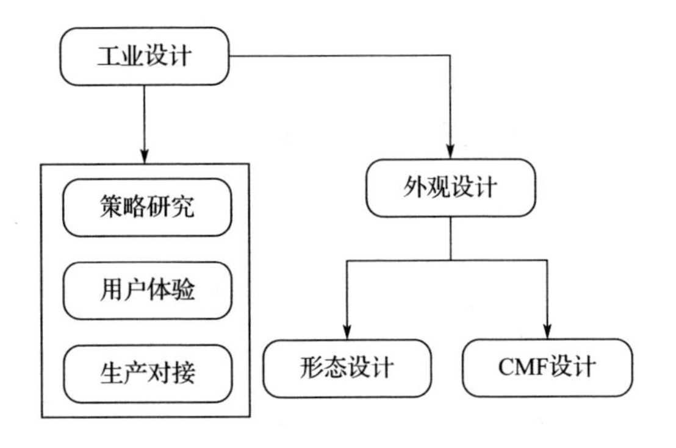

图 5-5 外观设计与工业设计

形态包含“形”与“态”两层含义。“形”是指一个物体的外在形式，产品造型是指产品的外形，它与感觉、构成、结构、材质、色彩、空间、功能等密切相关。“态”是指蕴含在物体形状之中的精神势态，形态是物体“外形”与“神态”的结合。

形态要获得美感，除了要有美的外形，还要具有反映产品本质和触动消费者潜在诉求的神态，即形神兼备。

产品的形态设计和产品的功能密不可分，功能的增减会给产品形态带来变化。产品的使用功能决定产品形态的基本构成，产品的审美功能会影响产品形态和风格特征。

如果说产品是功能的载体，形态就是产品与功能的中介。如果没有形态的作用，产品的功能就无法实现。不仅如此，形态还具有表意的作用。产品设计师通常利用特有的造型语言进行产品的形态设计，通过产品形态传达各种信息，如产品的属性（是什么）、产品的功能（能做什么或怎么做）等。

利用产品的特有形态向外界传达产品设计师的思想和理念，满足产品的功能需要。消费者在选购产品时，通过产品形态所表达的某种信息来判断、衡量产品功能与其内心所希望的是否一致，最终做出是否购买的决定。

产品形态可以表现产品的功能类型，消费者通过产品形态可以完成产品功能的识别。例如，碗和盘子的不同形态提示了它们功能的差异。通过产品形态可以体现产品一定的指示性特征，暗示该产品的使用方式、操作方式。比如熬煮中药的砂锅，其产品形态就能让使用者对其使用方式一目了然。

形态设计在 CMF 设计之前，如做雕塑需要使用油泥、陶泥、白水泥等单一色彩的材料，只追求形态上的完美，要求产品设计师具有比较好的雕塑素养。一些产品在 CMF 设计上是不进行太多尝试的。

CMF 设计是在产品形态已经不能改变的情况下，仍然需要在视觉上追求更多可能性的方式。其在消费类电子产品中应用得十分广泛，比如手机产品，在其外形确定以后，要制定不同价格、不同颜色和材质的版本。

外观设计流程如图 5-6 所示。

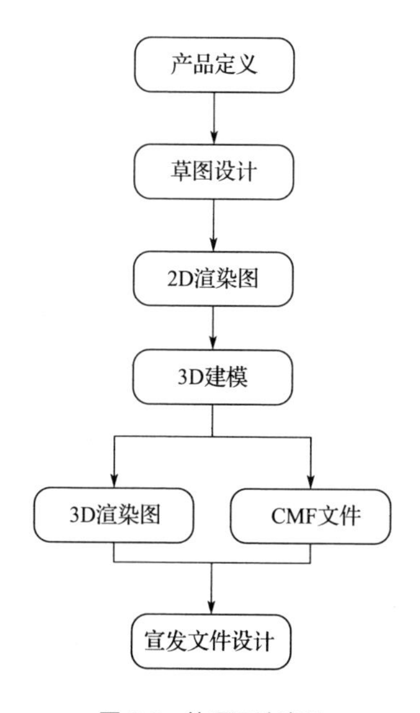

图 5-6　外观设计流程

外观原型呈现的是最终产品的外观，在设计产品时，常见的策略是将产品的外观、感觉与功能区分开。外观原型聚焦在外观、感觉、形式及产品的美观性上。

对于外观原型，你可以使用泡沫、3D 打印、CNC 加工及高压注塑成型之类的制造技术。不要忽略使用泡沫和黏土之类的旧的制造技术，这些制造技术在开始阶段可能非常有帮助，会使你快速、廉价地将概念转变为可以握在手中的东西。使用泡沫和黏土可能是最便宜、最简单的试验产品尺寸、形状和手感的两种方法，比如黏土模型将为你提供产品在用户手中的实际感觉的关键反馈。

黏土模型在汽车工业中广泛使用，而泡沫模型和 3D 打印模型对于消费类产品的设计者来说使用得更普遍。随着 3D 渲染软件的发展，设计者无须制作原型就可以开始营销活动。始终以最简单、最便宜的原型制作技术开始，在改用更高级的原型制作技术之前，请从低成本的原型中获取尽可能多的知识。在逐步升级原型的技术层次时，你会发现设计变更的实施变得越来越复杂。黏土模型的设计变更的实施很简单，3D 打印模型的设计变更的实施比较复杂，高压注塑成型的模型的设计变更的实施最复杂。因此，最重要的是，在原型升级之前，请保持简单并尽可能多地学习。

优化产品的外观、形式、感觉和美观度是外观原型的目的，外观原型是无法正常工作的，制作外观原型是与用户进行重复沟通的过程。从广泛的想法开始，努力选择一些可以满足用户标准的概念。外观原型设计过程从产品的高级“草图”开始，大多数的工业设计师会对现有技术进行搜索（如花瓣网、古田路 9 号、普象网等），寻找相关的形式和产品，从而获取设计灵感。

一般情况下，ID 设计师会查看其他产品并对其形式进行采样，一旦选择了一些粗略的概念，就开始评估产品形式在现实世界中如何工作。唯一适用的规则是快速、经济地进行制造。一旦选择了一种形式，就需要考虑模型的比例或大小等细节，通常情况下，有 2 ～ 3 个对产品的“正确感觉”的维度是至关重要的，必须突出显示用户体验的某些细节。

每个产品都有一种“设计语言”，用于与用户进行视觉或体验交流。为了快速确定产品的最终外观，产品设计师需要研究颜色、材料和表面工艺（CMF）。低保真 CMF 研究的输出是产品的高质量数字模型，通常包括前面步骤中的所有内容：形式、大小、图标、UX、颜色、纹理和材料。这些高质量的渲染是营销材料的基础，大多数的硬件企业都会使用渲染图进行宣传。

如果你的产品具有数字接口，创建更高保真度的外观模型对于定义品牌的用户体验非常有帮助。制作好高保真的外观原型后，需要返给客户做测试，通常需要进行 2 ～ 3 次迭代才能获得外观精美的模型。该模型可以展示你的设计意图，但无法正常工作，用户和投资者应该能够通过与该模型进行交互来快速了解你的产品。

第三节　结构设计

外观设计确定后，设计师会将更多的时间用于结构的设计与功能的实现上，通过产品的结构设计可以确保产品功能的实现，使产品零件更容易加工，提高生产效率，降低产品成本。如果采用与设计公司合作的方式，一般来说，会选择同一家公司设计 2D 图和结构，这样一方面合并费用低一些，另一方面可以减少沟通成本。结构部分确认之后，就可以将 ID 文件、结构文件，以及外观设计要求交给模具厂进行报价开模。

产品的结构是产品形态的承担者，必然受到材料、工艺、产品使用环境等因素的制约。ID 确定之后，在修改结构部分的时候，考虑到实际的空间摆放、器件避空等因素，外观一般会有所调整。结构设计完成后就可以做 3D 打印样品了，其用于确认外观变动和结构的实际状况。一般来说，首次结构实物确认都会体现设计中的问题，如螺丝柱遗漏、按键骨架脆弱等。

一、内部结构

设计优良的产品，不仅具备优美、新颖的外观，还具有整齐、合理的内部结构。

（一）外壳（壳体或箱体）结构

各种工业产品在构成材料、外观造型上可能千差万别，但是在结构构成上均少不了外壳。外壳是产品主体的外观表现，外壳暴露在外面，内部装配着发挥产品功能的零件。外壳设计是产品结构设计和造型设计关注的重要内容之一，如仪器仪表、家电、工具及设备、产品构成部件等，其主要功能有以下几种。

（1）容纳构成产品的功能零件。

（2）支撑、确定构成产品各零件的位置和相互关系。

（3）防止零件受环境的影响、破坏或避免其对使用者造成危害。

（4）美化、装饰产品，提升产品的外观美感。

（二）连接与固定结构

构成产品的各个功能部件需要以某种方式连接或固定到一起，才能实现产品的设计功能。连接与固定结构是产品设计中的另一种常见结构，连接与固定结构在功能意义上是不同的，有些结构可以起到固定作用，称为固定连接。固定连接分为可拆卸（如用螺栓、销等连接）和不可拆卸（如焊接、铆接及胶接等）两种方式。

有些结构允许连接的部件以一定的方式，在一定范围内运动，称为活动连接，如家具抽屉的活动导轨。连接与固定结构的主要功能是连接与固定部件，在不使用连接与固定结构时或连接与固定结构失效前使部件保持不变，如锁插、锁扣等。

（三）运动结构

运动结构是很多工业产品、核心设备结构和实现设计功能的基础结构，也是产品设计中比较复杂、专业的部分，其设计通常需要有与产品相关的专业设计师或结构工程师配合工业设计师完成。例如，人们熟悉的自行车，脚蹬部件装配在中轴部件的左、右曲柄上，由脚蹬、脚蹬轴、曲柄、中轴、链条、飞轮、后轮等构成运动系统，在人们骑自行车时，将脚踏力首先传递给脚蹬部件，然后由脚蹬轴转动曲柄、中轴、链条、飞轮，将平动力转化为转动力，使后轮转动，从而使自行车前行。

（四）密封结构

在生活中，我们会遇到暖气漏水、轮胎跑气等问题，这些都是因为产品的密封结构出现了问题。在正式进行产品设计之前，产品设计师应提前考虑密封结构的设计问题。

（五）安全结构

产品的安全性越来越受到人们的重视，已经成为现代产品设计中极其重要的设计内容和任务。安全结构是指当产品在使用中发生意外时，为保护产品，避免发生人身事故而设计的有关机构、装置等，比如汽车的安全气囊、高压锅的热熔安全阀、汽车的儿童锁等。

二、结构设计需要确定的事项

进行结构设计时需要提供外观部分和电子部分的相关资料。

（1）ID 工程师提供设计的渲染图及对应尺寸的标注文件，并注明对外观颜色的要求。

（2）电子工程师提供电子结构空间设计要求文档，告知所选用的关键电子元器件的尺寸及散热、布局和避空要求。

结构设计需要确定的事项如下。

（1）根据产品规格书——SPEC，确定主板的尺寸。

（2）和 ID 工程师沟通主板的大小及形状。

（3）根据主板的大小及特性确定元器件的选型，需要跟硬件工程师沟通确认。

（4）确定元器件的摆放位置。

（5）调整板形，尽量增大主板的弧度（便于进行 ID 设计）。

（6）输出主板板形图，和硬件工程师沟通，调整元器件的选型及摆放位置。

（7）和硬件工程师沟通后，调整主板的大小及形状（如果主板的面积不足，就调整弧度或加大主板的尺寸）。

三、初步规划堆叠

（1）选型和输出硬件板框图 DXF 文件。

（2）堆叠细化。

（3）外发拼板和各个零件图。

（4）试产样品并装机反馈。

四、结构设计工作流程

（一）初步堆叠

根据产品定义要求或样机评估项目的可行性，在资源和技术能实现的情况下进行初步堆叠，并把会在后续产生的一些问题和风险导入报告中。

（二）选型和输出硬件板框图 DXF 文件

在初步堆叠确认后，结构部门应发送印刷电路板组件（PCBA）的 DXF 文件给硬件工程师进行布局布线工作。此时的 DXF 文件，必须注明硬件摆件的一些影响后续生产装配的地方。例如，比较敏感的地方有邮票孔、SIM 卡座的高度、焊盘的位置及出线的路径等。与此同时，需要将初步堆叠结果发送给 3D 产品经理进行确认，并根据产品的要求第一时间进行调整。

（三）堆叠的细化

在堆叠 DXF 文件发送硬件部门后，可以进行一些结构堆叠细化方面的工作，如支架的固定、各处的圆角处理等。在此过程中，需要与硬件工程师、产品经理进行多次确认并调整工作，细化完成后需要进行内部评审。

（四）检查确认

在硬件摆件过程中，会传输不同版本的堆叠 3D 图给结构工程师，由他们进行确认，不过在确认最后一个版本时，结构部门需要对此版本进行留档，检查标准需要参考行业的规范。

具体的一些标准将根据结构部门的内部评估表来操作，在将硬件布局布线和结构外发前，必须进行整体的内部评审，结构部门的评审需要做堆叠设计审核报告，并归档。

（五）外发拼板和零件图

在确认最终的评审没有问题后，结构部门将最终的堆叠 3D 图和设计说明书外发。外发机电料物料清单（BOM）和一些需要打样的零件 2D 图，并跟踪确认。

（六）装机测试

在 PCBA 和结构外壳到齐后，需要在第一时间进行装机测试，并对装机测试过程中产生的问题和量产中可能会出现的隐患进行修正。

在整个项目进入量产之后，整个堆叠工作才能算基本完成，公司在后期的量产过程中需要了解生产情况，并根据客户反馈的情况提出一些修改建议。

五、结构设计进度安排

（1）初步堆叠（1.5 天）。

（2）产品部门立项。

（3）硬件的大致摆件和结构细化（2 ～ 3 天）。

（4）结构评审和修改（1 天）。

（5）部门间评审和修改（1 天）。

（6）设计说明和 BOM、加工零件图（1 天）。

（7）机电料 BOM。

整个结构设计工作基本可以在一周内完成，结构设计流程如图 5-7 所示。

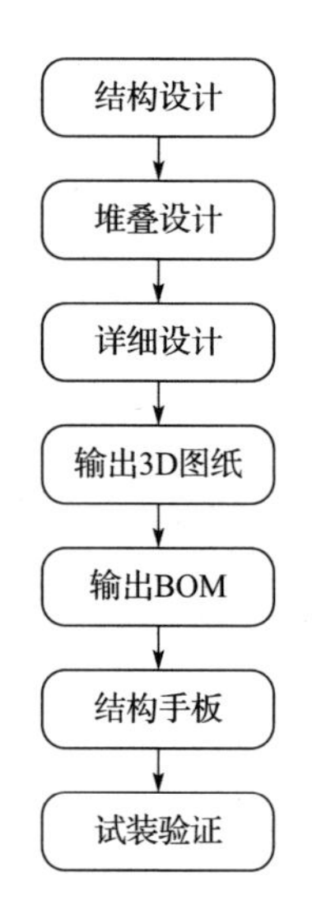

图 5-7 结构设计流程

第四节 手板加工与商标专利

一、手板加工

手板是指在没有开模具的情况下，根据产品的外观图纸或结构图纸做的用来检查产品外观或结构合理性的功能样板。

手板具有以下几个方面的优点。

（1）CNC 加工的手板能直观地展现产品的外观设计。

（2）检测结构与功能的合理性。

（3）模具设计的参照物，能避免产生修模、改模的风险。

（4）以 CNC 手板模型领先市场，缩短开发周期。

它的缺点为外观效果要比使用模具做的产品差一些。

工件经过一次装夹后，数字控制系统控制机床按不同的工序，自动选择和更换刀具，自动改变机床主轴转速、进刀量和刀具、相应工件的运动轨迹及其他辅助机能。整个加工过程由程序自动控制，不受操作者人为因素的影响。

铝合金手板模型的制作工艺有以下几种。

（1）CNC 加工。CNC 设备根据程序设定的路径，在产品原材料的基础上进行改动，得到铝合金手板模型的雏形。

（2）手工处理。铝合金手板模型的雏形制作出来之后，外观会有一些毛刺，以及边角多余的部分，工作人员应该将其用砂纸磨平，使铝合金手板模型的外观变得光滑精致。

（3）镭雕。使用激光技术打掉模型外观上的油漆，使模型的一部分位置透光。

（4）氧化，即阳极处理。由于氧化处理后形成的氧化层耐蚀性差、硬度低，因此在工艺过程中较少使用氧化。

（5）拉丝。拉丝是指铝合金的外观出现一条条细痕，经过处理后，模型的质感更好。

二、商标专利

2021 年，因一碗面只需 3 元，15 年坚持不涨价，山东拉面哥以其朴实的形象走红。人红是非多，关于“拉面哥”的商标被迅速抢注，商标的背后是巨大的流量，在互联网时代，流量直接与现金挂钩。

商标可以实现对个人或企业品牌价值的有效保护，而专利可以实现对产品外观和创新性等方面的保护。尤其是对于技术门槛低、同质化严重的品类，在设计之初，就需要同步考虑相关专利的申请，建立有效的专利“护城河”。

一般情况下，完成结构设计后就可以开始申请外观设计专利和实用新型专利，由于商标申请与产品所处阶段关系不大，这里着重介绍与专利相关的内容。

（一）专利分类

根据《中华人民共和国专利法》，专利包括外观设计专利、实用新型专利、发明专利。

1. 外观设计专利

外观设计，是指对产品的整体或者局部的色彩、形状、图案或者它们的结合所做出的富有美感并适用于工业应用的新设计。外观设计专利的有效期是10年。

2. 实用新型专利

实用新型，是指对产品的形状、构造或者其结合所提出的实用的新的技术方案。实用新型专利有以下3个特点。

（1）含金量要远远低于发明专利。

（2）只保护有一定形状或结构的新产品，不保护方法及没有固定形状的物质。

（3）实用新型专利的有效期为10年。

3. 发明专利

发明，是指对产品、方法或者其改进所提出的新的技术方案。

（1）这里提到的发明是指一项新的解决问题的方案或一种新的构思。

（2）不要求它可以直接应用于工业生产并做出产品。

（3）发明专利的保护性最强，有效期为20年。

（二）申请专利的材料准备

1. 专利名称

外观设计专利：直观体现产品的特征。

实用新型专利和发明专利：体现产品的功能特征。

专利名称标准有以下几个方面。

（1）专利名称应简明、准确地表明发明专利或实用新型专利要求保护的技术方案的名称和类型。

（2）采用本技术领域通用的技术名词，不要使用杜撰的非技术名词。

（3）不得使用人名、地名、商标、型号或商品名称，也不得使用具有商业性的宣传用语。

（4）有特定用途或应用领域的，应在专利名称中体现。

（5）专利名称不得超过25个字，化学领域的专利名称最多为40个字，写在首页中间的位置。

（6）尽量避免写入发明专利或实用新型专利的区别技术特征。

2. 产品视图说明

（1）外观设计专利需要产品外观的六视图及立体图。

（2）发明专利需要方法或流程图。

（3）实用新型专利需要结构图。

（三）技术交底书

专利的技术交底书的作用在于展现作者的想法，其至少要包含以下几个方面的内容。

（1）背景技术，以及与本专利相关的现有技术方案。

（2）本专利的技术方案图。

（3）本专利的技术方案实现方式及效果。

（4）本专利的欲保护点。

专利申请书是专利代理公司的专利工程师在技术交底书的基础上改写的，技术交底书模板包括以下内容。

（1）发明名称。

（2）申请类型：外观设计专利、实用新型专利、发明专利。

（3）本专利发明人。

（4）技术交底书撰写人。

（5）技术问题联系人。

（6）联系人电话。

（7）联系人邮箱。

（8）术语解释。

1. 介绍背景技术，并描述已有的与本专利最为相近的现有技术方案

（1）可多写几个现有技术方案。该现有技术方案在公开出版物上有记载，最好提供出处或专利号。在现有技术方案中，有相关附图的，最好一并提供。

（2）背景技术。对该专利的背景技术进行描述，进行简单描述即可。

（3）已有或相近的现有方案。列举检索的相似专利，并标出专利号等信息。

2. 现有技术的缺点是什么（客观评价）

（1）客观地评价现有技术的缺点是针对本专利的优点来说的，本专利不能解决的缺点问题则不需要提供。

（2）可以从结构、流程等角度推出现有相近技术的缺点，如成本高、反应速度慢、结构复杂等。

3. 本专利解决的技术问题或目的

（1）对应现有技术的所有缺点，正面描述本专利要解决的技术问题。

（2）本专利解决不了的问题不用提供。

（3）简述本专利解决的技术问题。

4. 本专利技术方案的详细阐述

（1）专利申请的核心是其在说明书中公开的技术方案，技术方案是指为了达到发明目的而采取的技术措施（包括技术构思）。

（2）在专利中每种功能的实现都要有相应的技术方案，应该阐述发明目的是通过什么技术方案来实现的。不能只有原理，也不能只做功能介绍。

（3）应当清楚、完整地描述本专利的技术特征（如构造、组织、形状等），以及作用、原理，使本专业技术领域中的普通技术人员能够实施本专利。

（4）描述技术方案，不同类型的专利有不同的描述方式。

① 设备发明：应当具体说明其零件的结构及其连接关系（必要时附图）。

② 方法发明：应当说明为了达到发明目的而不可缺少的工艺方法、工艺流程和条件（如时间、压力、温度、浓度）。

（5）技术方案涉及附图的，尽可能提供可编辑模式的版本，如 Visio、CAD、PPT 等形式的图。

以实用新型专利为例，制定其技术方案需要提供产品框图（便于代理机构了解产品组成）、外观图、电路板图、立体结构图、结构框图，并详述各个组件及其作用。

5. 本专利的关键点和欲保护点

第 4 条详细阐述了实现一定功能的完整的技术方案，本条阐述技术方案的关键点和欲保护点。

需要注意的是，简单点明本专利的关键点和欲保护点即可，具体可以参考第 6 条。

6. 与第 1 条所述的最为相近的现有技术方案相比，本专利有何优点

结合技术方案来分别进行描述，以推理的方式来说明，做到有理有据。可以对应第 3 条“本专利解决的技术问题或目的”来描述。

优点：列出与现有技术方案相比，本专利的优势。

7. 针对技术方案，是否还有别的替代技术方案能实现发明目的

如果有，应详细写明，此部分内容可以扩大专利的保护范围，防止他人绕过本技术方案实现同样的发明目的。

拓展思路：可以是部分结构、器件、方法的替代，也可以是完整的技术方案的替代。

例如，两个部件的连接方式为卡式连接，铰链连接也可以实现本发明，那么铰链连接就为替代技术方案。

8. 本发明是否经过实验、模拟、使用证明可行，结果如何

如果有，应简单说明并表述结果或效果。

9. 其他有助于专利代理人理解本技术的资料，能给代理人提供更多的信息

例如，技术文档、说明书等有助于代理人更好、更快地完成申请文件的撰写。

如果有实物，就提供实物效果图。

第六章
产品开发流程之工程

第一节　工程技术规范

工程阶段的每个步骤旨在确保产品可靠地运行，并且具有成本效益。在该阶段结束时，初创公司将拥有一个功能良好的原型，但此时还没有良好的用户体验。工程阶段一般与设计阶段同时完成。

工程技术规范文档的严格性是精心设计产品的体现，工程技术规范（产品设计或需求规范）是创建每个硬件产品的关键文档，可以通过 7 个核心领域来定义大多数的产品。

一、商业广告和法规

（1）销售价格遵循国家和制造商建议的零售价。

（2）法规的相关要求。

（3）可接受的保证金结构。

（4）产品更新时间表，寿命终止（EOL）时间。

二、硬件和传感器

（1）整个硬件的原理图和 PCB 图。

（2）主要的元器件 BOM 列表。

（3）对传感器的要求。

三、电子产品

（1）PCB 的大小。

（2）内存。

（3）处理器和无线电的要求。

（4）电池的大小、寿命、化学性质。

四、固件和库

（1）固件使用的操作系统或其所在的嵌入式环境。

（2）API 规范所需的外部库。

五、软件和 Web

（1）开发的软件堆栈和环境。

（2）服务器的基础结构要求、SCM 计划、错误状态。

六、耐用性和包装

（1）使用寿命要求。

（2）各种子系统的生命周期。

（3）包装要求。

七、环境和服务

（1）工作温度和湿度。

（2）可维护性和退货流程说明。

（3）客户支持系统和公差。

许多大公司依赖大量的文档，这些文档通常是精心编写的，并且有很多表格或图表，以及所有可能的细节内容。对于大多数初创公司而言，编写大量的文档会带来很大的开销，依靠“工作规范”则更有效，一般会按需求组细分共享大纲。

第二节　产品需求

任何一款产品最初都来源于一个抽象的想法，也就是前面讲的创意。这个抽象的想法关注的可能只是产品的功能，即这款产品能做哪些很独特的事，而不会考虑产品的具体特征，如尺寸、颜色、电池续航时间等。在这个阶段，我们通常会假设它们都处于最理想的状态，即尺寸恰到好处、颜色人见人爱、电池可以一直供电等。

需求计划是把抽象的想法转变为产品的真实特征的过程，在这个过程中，你需要尽可能早地为这些特征撰写需求，当产品发布后，遇到意外问题的可能性就会大大降低。通常情况下，当产品开发人员对产品的功能有清晰的了解时，就会直接进入设计开发阶段。

当拥有了早期的概念验证原型后，就可以向利益相关者展示自己的想法。但是，在此之后，如果工程师没有对功能、行为、操作参数和设备的预期性能进行形式化，就开始挑选组件并设计原理图，这样很可能引发问题。

产品需求是对你的设备打算做什么的定义，它是对产品的预期功能的正式描述，也就是描述产品在上市销售之前必须要做到的事情。

以笔者负责的指纹加密 U 盘产品为例，其产品需求大致如下。

（1）具备双分区：一个公共盘区，一个加密盘区。

（2）具有录入指纹、识别指纹的功能。

关于产品的需求，从不同的角度出发会有多种定义，具体如下。

（1）客户角度：客户为了解决某个问题或达到某个目标而需要产品具备的条件或能力。

（2）价值角度：产品为了向客户提供价值而必须具备的特性。

（3）属性和约束角度：对要实现什么功能的说明（可以是对产品运行方式

或产品特征、属性的描述，也可以是对系统的约束）。

（4）系统角度：系统或系统组件为符合约定、标准、规范或其他正式文档所需要具备的条件或能力。

一、需求的 3 个层次

上述的需求定义精简后得出需求的 3 个层次，如图 6-1 所示。

（1）客户问题。

（2）产品特性。

（3）产品包需求。

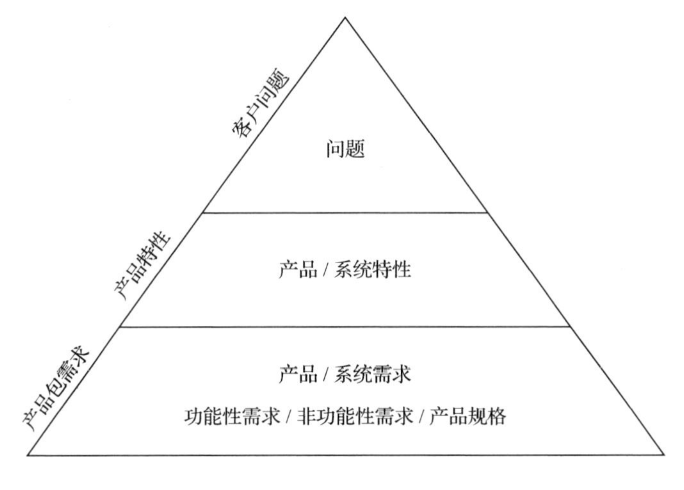

图 6-1　需求的 3 个层次

（一）客户问题

需求来源于客户要解决的问题，问题是预期和现状的差距。预期高于现状，客户不安于现状，希望改变，甚至会有明确的改进预期；预期等于现状，客户安于现状，对改变表现不积极；预期低于现状，客户知足常乐，抗拒改变。因此，需求与客户的预期、对现状的感知相关。

从商业角度看，并非客户的所有问题都需要解决，只有那些解决后能够给企业带来商业利益的问题，企业才有动力去解决。同时，对于客户而言，要有相应的支付能力。

（二）产品特性

产品就是解决客户问题的方案，但是，是否解决了问题，有支付能力的客户就一定会购买呢？客户购买产品的理由，也就是产品的卖点是什么？对于客户而言买点是什么？吸引客户购买的不一定是产品本身，也不完全是产品是否具备某种功能，而可能是产品实现这些功能的程度，就是我们通常所说的卖点。

（三）产品包需求

需求的第 3 个层次是对产品本身的狭义的需求，就是把产品作为一个“黑盒”的要求，我们称之为产品 / 系统需求。产品 / 系统需求之下分为功能性需求、非功能性需求、产品规格。不同的产品概念和方案对应不同的特性和产品 / 系统需求。

需求的这 3 个层次之间必须建立跟踪关系，在建立跟踪关系时，可以使用 FAB［Feature（属性）、Advantage（优势）、Benefit（利益）］模型。使用该模型可以帮助你弄清楚每种产品的功能对客户来说意味着什么，从而设法去消除客户的顾虑、满足客户的需求。以下以菜刀为例。

（1）属性：列出产品的功能，如将不锈钢作为菜刀的制作材料。

（2）优势：考虑产品创造了哪些优势，如不易腐蚀。

（3）利益：将其转化为实际收益，客户不需要每年都购买新菜刀。

系统需求实现后，必须能提供某种功能或能力，帮助形成产品的特性，也就是产品的卖点或客户购买产品的理由，并最终解决客户的问题。

（四）需求的基本原则

（1）必要性：实现业务和产品目标的必要条件。

（2）具体：详细地列出其起源和目的，可追溯根源。

（3）可理解：写得很清楚、很明确。

（4）准确：充分详细地说明有关最终客户的挑战或需求的信息。

（5）可行性：研究并证明其既有用又可以实现。

（6）可测试：能够通过客户接受性测试或其他标准的测试。

二、需求文档

在项目开始时，相关人员共同讨论，确定产品必须具备哪些功能，这些功能反映在文档上就形成了需求。

需求文档主要有以下两个用途。

（1）在产品制造之前，从原则上来讲，任何人都可以查看产品需求，从中了解产品的主要用途，以及有关产品的尺寸、质量、可靠性等信息。需要注意的是，在产品开发的过程中，需求可能发生变化，随着新信息的不断获取，应该经常更新需求。

在更新需求的过程中，应该确保以下几点。

① 相关的人员都要参与，都会收到变更通知，以便对变更做出相应的调整。

② 考虑每个需求变更给其他需求造成的影响。

③ 考虑每个需求变更对测试造成的影响。

随着产品开发的推进，那些“可选”需求和“亮点”需求最终会变成真实的产品特征。同时，测试需要需求来驱动，应明确要测试什么。

（2）产品开发工程师会把需求文档看作一系列的指示，用来决定应该做什么。在项目最后时，会对产品进行测试，从而确定产品能否上市销售，这种测试主要用来验证产品需求是否得到落实。

三、需求计划

有关需求计划的术语有很多，也很容易让人感到困惑。你需要区分几个基本概念，包括需求、目标和规格，它们都可以描述产品功能。

（1）需求是指那些可量化且产品必须具备的功能。

（2）目标是你要尽量做成的事情，很难量化，不容易做成。

例如，你对电池续航时间的需求可能是连续供电不低于 5 小时，而你确定的目标可能是电池的续航时间为 7 小时，这样有助于你在产品开发的过程中把精力放在那些“有了会更好”的事情上。

（3）规格是一些可以量化的描述，其来自开发过程的某个部分。

例如，经过测试，你开发的产品（如蓝牙耳机）在满电情况下，可以连续运行 6 小时，你可以把这一点写在产品的宣传资料和用户手册中，此时，“充电一次运行 6 小时”就成了产品规格，它描述的是产品实际能做什么。

规格可以变成需求，需求也可以变成规格。例如，如果之前你选用的电池停产了，那么你可能会选用其他续航时间不低于 6 小时的电池。

你必须使用技术术语和通用术语，尽可能用一句话来描述你的电子产品创意。

举个例子，下面是你与某位对工程学有所了解的朋友的对话。

朋友：“你的产品灵感是什么？”

你：“我喜欢种植辣椒。但是，因为我经常旅行，所以我不能总是给它们浇水，很多时候没办法照顾它们。昨晚突发灵感，我可以开发一种可以自动浇水并照顾植物的设备……”

朋友：“你打算如何开发呢？”

你：“我将先建立一个用于监视关键参数（土壤湿度、光照、温度等）的盒子，然后根据植物的需要打开灯或给植物浇水，通过将此设备连接到互联网，我可以远程监控这些参数。”

从产品的简单描述中，你可以提取一些功能要求，如感知土壤湿度、光照和温度的能力。需求描述的是产品的功能要求，而不是如何开发产品的结构化语句。

第三节　需求的类型

一、需求的分类

需求可以通过许多不同的方式进行分类，主要的分类如下。

（一）客户需求

客户需求是企业或组织的业务需求，以及产品使用者的用户需求的统称。

1. 业务需求

业务需求描述了利益相关者的目标，通常在B2B企业中比较多见，反映的是企业或组织的利益诉求，如公司或产品线的销售目标、利润目标、市场份额目标等。业务需求也可能是某职能部门的建设或能力提升诉求，与该组织的使命和业务目标相关。

例如，对于领导层而言，业务需求是指公司及其业务部门取得成功所必需的目标，可以将这些视为企业需要做的事情，以满足内部客户和外部客户的需求。

目标：今年拓展国际市场。

业务需求包括以下几个方面的内容。

（1）确定目标：国际市场。

（2）发展多元文化的买家角色。

（3）创建网站本地化策略。

（4）将应用程序转换为多种语言。

公司级的目标及业务需求将影响产品的目标和计划，产品目标主要针对特定产品及其用户，需要与一个或多个业务目标保持一致。

2. 用户需求

用户需求是指产品使用者在使用产品完成任务时的诉求，用户需求定义了用户需要什么，或者他们将如何与给定的产品或功能进行交互。例如，消费者在使用产品时，要求产品具有某些功能、质量、性能等。用户需求通常描述用户的痛点或挑战，他们想要完成的行动，以及产品应该如何为他们服务，比如游戏玩家对手机功能和性能的需求。

了解用户需求是为了更好地帮助用户完成任务。

继续解读上面的“今年拓展国际市场”的示例，业务需求需要将应用程序转换为多种语言。在定义用户需求时，你需要深入地了解用户体验的详细信息。

（1）用户如何选择首选语言？

（2）账户管理员可以为不同的用户登录设置默认语言吗？

（3）该应用程序是否为用户提供了翻译不同语言文本的方法？

用户需求可以在产品级别和功能级别进行定义，从用户的角度来看，你可以将用户需求视为功能的“Why”和“What”。

（1）为什么要做这个功能？

（2）这个功能是什么？

你可以与工程团队共享这些信息，以便他们能够专注地实现每个功能的“How”，即如何实现这些功能。

（二）市场需求

市场需求是针对具体的细分市场而言的，综合考虑业务需求、用户需求、竞争及相关的环境需求，通过市场分析形成的对市场机会的描述，属于共性需求。例如，华为早年推出的“荣耀”系列手机，就是为了满足追求极致性价比的互联网用户或青年群体的需求，这是一个细分市场客户群的需求。

（三）产品包需求（产品 / 系统需求）

产品包需求是对最终交付给内外部客户产品的正式且完整的“黑盒”描述，是产品开发、产品验证、产品销售和产品交付的依据。

需求是产品的约束条件，概述了技术可以实现什么（功能性需求），以及它如何实现这些功能（非功能性需求）。

非功能性需求通常侧重安全性和可靠性问题。工程团队通常有着产品 / 系统需求，如果将应用程序翻译成多种语言，那么工程师必须选择第三方软件来为翻译提供支持，他们必须确定推送更新的频率或系统应该如何处理翻译错误。

二、需求遵循的规则和结构

需求必须遵循的一些规则和结构如下。

（一）独特

需求具有独特性，需要具体问题具体分析，不能是两个或多个需求的组合。

（二）明确

需求的所有读者应该对需求的内容有相同的理解，只能有一种解释。

（三）可验证

如果不能正确地验证需求，那么工程师将如何确定他们的需求已满足呢？通常情况下，首先，你将进行内部验证，测试工程师将会进行测试，以检查产品是否正常运行并符合其设计规格和要求。

其次，你将进行设计验证，在该验证中，将在不同的温度和湿度条件下对产品的外壳进行更严格的测试，该验证阶段包括电磁兼容性（EMC）测试。

最后，该产品将在实际操作条件下进行现场测试，或者将其集成到更大的系统中，或者使其与其他设备进行交互。

（四）属性

应该给需求赋予属性以支持前面提到的规则要求。

（1）标题：需求的描述性标题。

（2）ID：不能重复的唯一标识。

（3）与安全相关：在某些很重视安全性的产品中，将需求分为与安全相关的属性是一种很好的做法。

（4）优先级：某些情况下无法实现所有的需求，因为它们会相互冲突。分配优先级可以为设计人员提供信息，选择最相关的需求。

（5）来源：需求的来源是指来源于客户、承包商还是外部。

（6）理由或目的：对需求及其存在原因的简短描述。

（7）验证方法：该需求将如何验证、测试和分析。

（8）跟踪信息：需求必须是可追溯的。

通常情况下，在产品需求完成之前，可能会修改原产品需求的50%以上的内容。例如，可能突然出现需要结合新技术或新法规的情况，这会迫使你更改设计。

需求变更需要由需求工程师、系统工程师或项目经理决定和管理。一般情况下，工程师可以使用工具或软件来寻求帮助。需求工具可以实现自动化并具有可追溯性，保留历史更改的记录，同时支持需求验证结果的记录功能。

管理新出现的需求很重要，这些需求仅在系统组合在一起时出现，很难预见，必须在其他需求的基础上分配它们，避免形成独立需求。

（五）电子产品的需求文档

电子产品的需求文档没有单一的格式，每个设备都有规格和特殊性。当然，大多数的电子产品可以遵循以下需求类别。

（1）产品说明：产品的高级描述，最好附有系统级框图。

（2）设计要求：产品在组件和设计方面需要具备的功能。

（3）功能要求：产品要执行的功能。

（4）环境和功能性环境要求：与产品对环境的影响及其在何处执行功能有关。

（5）机械要求：与外壳相关的要求。

（6）使用寿命要求：工作时间和工作温度。

（7）测试要求：产品需要通过的相关测试。

第四节　如何写出好的产品需求

产品需求既能成就产品，也能毁掉产品，那么如何写出好的产品需求呢？

一、产品需求是设计的约束

产品需求是技术人员要实现的目标，也是设计人员的约束条件，因为它排除了产品的其他呈现方式。

例如，你喜欢在设备中使用可更换电池，如 5 号电池，它们个头小、价格低，又能提供足够的电能。如果要你为一款便携式产品写需求，那么你可能加上这样一条需求：必须使用可更换的 5 号电池供电。

但是，这个看似简单的需求会给设计带来很大的影响，这个需求限定了产品的最小尺寸，产品必须可以装得下 5 号电池，产品外壳必须设计电池舱盖，这些会增加设计时间。电池舱盖合上时，如果不用螺丝而是采用扣紧的方式，那么可选用的外壳材料可能受限，可选用的成型工艺也可能受限。

产品需求会影响产品的机械架构，需要将电池放置在靠近外壳的地方，以便于更换，而这样可能导致一些部件布局方式无法实现，而如果不需要更换电池，则可以有效地减小产品的尺寸、提高散热效率等。

在某些场景下，确实需要指定电池类型，必须保证产品可以更换电池，比如相机或其他高耗电的便携产品。但是，除非你真的觉得更换电池这项功能非常重要，否则最好不要把能够更换电池写进产品需求里，以便设计师在设计电源时满足那些对产品而言真正至关重要的需求，如产品的尺寸、质量、电池的续航时间等。

在编写产品需求时，要认真提要求，只提那些真正重要的内容，让设计师在这些内容的约束下发挥创造力，设计出更好的产品。

二、需求必须是可测试的

好的产品需求的显著标志之一是意思清晰、不含糊，这样的需求得到满足时，应该不会有人提出异议，需求应该是可测试的。

“这款产品应该是安全的”这类说法在很大程度上只反映了我们的美好愿望，它太过笼统，不能算作产品需求。“安全”由谁定义？如何测试产品是否安全？你如果想把上述说法换成标准的产品需求，那么应该将其修改成“这款产品要符合目标销售地区的所有安全法规”。这样一来，定义“安全”的“担子”就转移到了监管部门，这样做是有意义的，因为需要满足法律法规的要求。

比如有一款便携产品，人们在使用它时需要把它放在口袋里。为此，你编写了这样一个产品需求：“这款产品应该适合装在口袋里。”然而，口袋形状各异，尺寸不一样，既有衬衫上的小口袋，也有工作服上的大口袋，口袋是各种各样的，上述产品需求就模糊不清了。

你可以为该产品估算一个大致的尺寸，使之适合装入大多数种类的口袋中，比如，估算为：“这款产品的尺寸应该不超过 8 厘米 ×10 厘米 ×2 厘米。”虽然这样做可能导致产品的尺寸过大或过小，但是设计师至少有了可参照的设计依据。

还有一种方法是为产品编写合适的尺寸需求，即从用户的角度去描述它，比如，“经过测试，在目标市场中有 90% 的用户认为这款产品应该很容易装进他们的口袋里”。这就是一个好的产品需求。归根结底，所谓的“好”与“不好”都是用户对产品的看法，而不是你对产品的看法。这样的产品需求蕴含着其他细节，如产品应该可以很轻松地放入或拿出口袋。

从不利的方面看，要测试是否可以实现这个产品需求，需要先召集一大群人，让他们亲身体验产品，然后询问他们的使用体验，这远比拿一把尺子来测量要费力得多。

三、需求是以接口为中心的

从本质上来说，产品就是一组接口，这些接口与外部相通，产品内部“填充”着让这些接口正常工作的“东西”。产品需求应该主要关注产品和外部的接口。

（1）产品和用户的接口，如用户界面。

（2）产品和其他产品的接口，如 USB 端口、互联网服务等。

与接口有关的需求一般是指你想让产品实现什么功能，与产品内部“填充物”有关的需求是指你如何让产品做它应该做的事情。大部分的需求是前一种需求，后一种需求通常用来指导设计师和开发者如何进行设计，在编写需求时，应该尽量围绕你想让产品实现的功能展开。

提前把人机接口需求做完美相当困难，与人机界面一样，在产品开发的过程中，物与物的接口需要早做测试，有些接口更容易指定。例如，如果你的产品通过蓝牙和计算机通信，那么其蓝牙接口要统一。

如果上升到蓝牙通信这个层面，问题的复杂程度就取决于通信的内容。在蓝牙通信中，有些类型的数据是有固定标准的，如耳机和手机、音乐播放器和无线音箱等。但是，如果标准的蓝牙接口不支持传送的数据，就需要重新自定义高层数据格式和协议，以便发送方和接收方能够相互理解。

你从零开始对任何接口提出的初始需求（比如内部子系统之间的接口需求）很可能是不完整、有歧义的，甚至是完全错误的。接口设计是一门技术活，除非你之前设计过且投产过非常相似的接口，否则可能出现一些问题。

在产品开发之前，合理地提出产品需求是非常重要的。此外，应尽早地为测试子系统做好规定，并随着产品开发的推进更新规定。随着产品开发的推进及外界反馈的增多，原来的产品需求会发生变化。因此，你要尽早并经常向外界曝光产品，以完善产品需求。产品需求代表了工程师要实现的一组设计目标，并且是管理人员评估成本和项目时间的一种依据，同时需要使用工具来管理产品需求。

就一款产品来说，花费时间做需求计划可能要比实现需求更困难，不过有一点可以确认，那就是在需求计划上花费的每一秒都会为以后实现需求节省大量的时间。这一点对于硬件产品来说尤为重要，因为电路或机械部件的调整往往需要耗费数周甚至数月的时间。在产品开发之前，先将所有的细节整理好有助于避免以后反复修改，为整个项目节省大量的时间和支出。

第五节　功能原型

创建功能原型是为了验证下面的假设。

（1）产品的核心功能。

（2）需要使用的零件。

（3）需要的机电系统。

（4）产品的制造方式。

一旦记录了足够的信息，就可以开始使用解决方案满足每个产品需求了，最终会形成一个原型，该原型看起来与最终产品完全不同，但是功能可靠且满足规范的每个要求，因此称为功能原型。

功能原型专注于产品的功能。功能原型旨在解决因开发工程需求而发现的大量问题，涉及核心功能、组件选择、PCB、力学、手感和组装等。

大多数的产品具有“核心功能”，即迄今为止确保可靠使用产品的最重要的系统。选择组件可能需要几个月的审查和鉴定（测试），确保它们满足基本的功能和耐用性要求。

如果你的产品具有 PCB，在准备投入批量生产之前，通常需要进行 5 ～ 10 个版本的修订。PCB 开发过程首先从选择组件开始，然后搭建测试板（如面包板），并准备一系列的预制板。所有的组件和 PCB 都需要封装在外壳中，几乎每款产品至少具有一个塑料部件，模制塑料部件通常需要 8 ～ 12 周的时间来开发和调整，因此尽快地完成设计将放宽时间表。

随着产品越来越接近可批量生产的状态，可能出现的组装故障点和成本、时间优化成为焦点。组装涉及设计线束、黏合剂、紧固件、对准或定位器特征、间隙和工具可行性等。

POC 可以被认为是功能原型的早期版本，但是目前可以从 POC 过渡到生产级的功能原型了。这意味着放弃使用像面包板或 Arduino 这样的开发套件，需要开发定制 PCB。为功能原型开发定制 PCB 需要丰富的工程设计经验，如果工程师满足这一点，那么将节省数万元的开发费用。

如何开始制作电子产品的原型取决于要回答的问题，在每次创建新原型时，你都应该定义明确的问题。如果你对产品是否能正常工作或是否能够解决预期的问题有很多疑问，那么可以使用基于早期开发的原型（如 Arduino 或树莓派开发套件）。虽然原型板在使用各种传感器和屏蔽罩时具有极大的灵活性，但是在过渡到批量生产时，它们在经济上不可行且效率不高。

产品的功能通过验证后，你将需要定制设计 PCB，定制设计 PCB 可以减少开发板中不必要的组件，并有助于减少所需要的内部空间，还可以帮助你用等效或更好的替代品替换电子组件，从而帮助你简化供应链并进一步降低成本。

定制设计 PCB 包括以下两个步骤。

（1）生产裸板 PCB。

（2）焊接元器件。

尽管有简易生产 PCB 的技术，但是它们仅限于简单的设计。笔者在大学期间使用铜板和热转压器制作过简单的双层 PCB，但是对于复杂的电路来说，这种环境下的操作难度很高，很容易出现断线等问题。

第六节　硬件设计

结构设计完成后，结构工程师会向硬件工程师提供板框图，硬件工程师根据结构调整原理图设计，进行元器件摆件，并进行后续的电路布局布线，在电路部分样品制作完成后，将与结构进行适配验证。硬件设计主要包括电路及天线设计，硬件工程师需要和结构工程师保持经常性的沟通，沟通内容包括以下几个方面。

（1）结构工程师会要求将结构做薄，需要将电路同步做薄。

（2）硬件工程师会要求结构工程师放置天线的区域比较大，距离电池要足够远。

（3）硬件工程师会要求外观设计师不要在天线附近放置金属配件等。

硬件设计流程如图 6-2 所示。

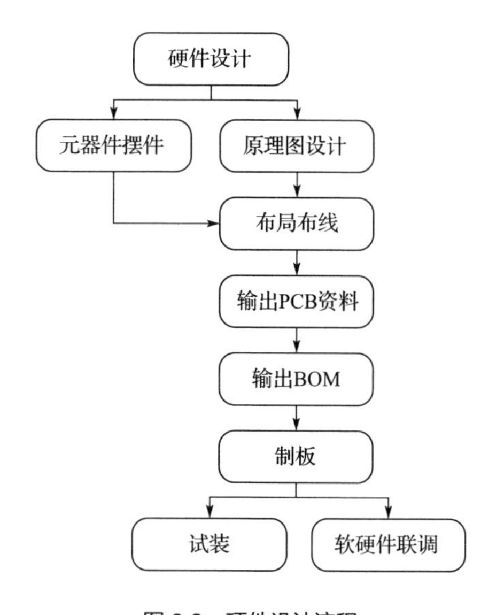

图 6-2　硬件设计流程

如果你想向客户交付高质量的产品，那么在设计阶段就需要提前了解以下内容。

（1）需要测试哪些内容？

（2）如何测试？

（3）如何设计产品使其更易于测试？

一、可测试性设计

电子设计包含两个部分：设计本身及可测试性设计。设计本身是指前期专注功能，保证制作的原型产品可以完美地发挥作用。如果对原型满意，你就可以将其带入一个新的阶段——小批量生产，进行可测试性设计。

（1）制造 PCB 裸板：一般建议外发工厂，当然你也可以自己制板，但自己制板的操作复杂且只适合简单的单面线路。笔者在学校期间曾手工批量制板 100 套，缺点是良品率较低、耗时长。

（2）购买所需要的元器件。

（3）准备焊接。

你需要一段时间将电阻电容、QFN 封装和天线等焊接在 PCB 裸板上。完成焊接之后，你需要进行测试，确保它们能够正常工作。如果你从一开始就考虑为可测试性而设计，那么在设计之初就添加测试点或测试夹具接口，你将很容易对问题进行探查。

二、测试方法

在设计阶段，尽可能早地参观一家生产与你要推向市场的产品相似的产品的制造工厂，这样你会学到一些东西，以便未来节省时间和金钱。要同时实现将产品廉价、快速地送到客户手中，并确保高质量的目标，几乎是不可能的，但仍然有很多方法可以让你接近该目标。

（一）测试计划

就像要设计原理框图一样，最好记下设计中需要测试的所有内容。这样可以使你考虑全局，甚至集思广益来测试某些东西。

测试计划应在设计阶段的早期完成，这将迫使你考虑在物理上布局 PCB 所需要的内容，促进高效而稳健的测试。

（二）测试点

你的测试计划应告诉你需要在设计中添加哪些测试点，测试点是 PCB 上的一个物理位置，测试夹具可以在其中轻松地探查以进行测量。最好不要依赖探测组件的引脚或焊盘，如果空间允许，你可以将测试点的直径设置为 1 毫米，并使它们彼此间隔至少 2.54 毫米的距离。

这样可以为手动或自动探测留出足够的表面积和空间，最好将它们放在 PCB 的底部，便于操作。

（三）系统编程

最终产品一般不会焊接用于烧录固件的连接器，因为这样会增加成本。你需要用一种高效的方法来对每块 PCBA 进行编程，而不必每次都焊接或拆焊连接器。常见的有两种方式：一种方式是烧录夹，只需要留出测试孔，PCBA 上不需要有额外的组件，占用空间小，可重复性高；另一种方式是在 PCBA 上预留金手指接口，这将会有一定的空间要求，在生产时需要做烧录工装。

三、硬件设计画布

图 6-3 所示是硬件设计画布，该工具旨在帮助你完成硬件设计的最早阶段。

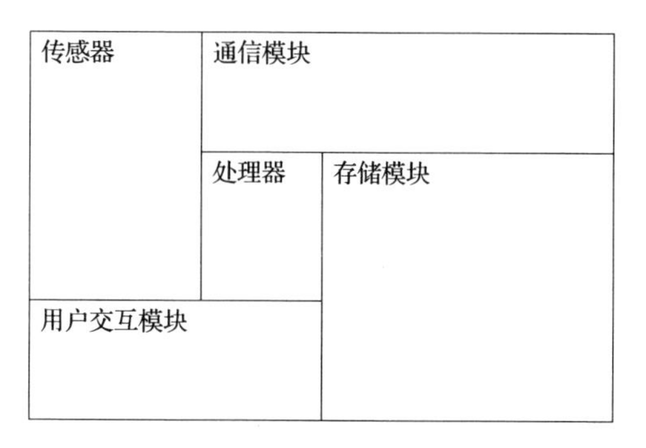

图 6-3　硬件设计画布

所有的硬件都是由构件模块组成的，工程师称这些模块为机电组件，或者简称为零件。每个部分都是由传感器、通信模块、存储模块、用户交互、处理器组成的。例如，小米运动手环是由运动传感器、闪存存储器和微控制器等组成的。

如何使用它呢？你只需要填充硬件设计画布即可。

（1）你的产品需要感知什么样的环境？

（2）你需要哪种通信方式？你需要在设备上存储内容吗？

（3）你需要处理多少种数据，以及需要哪种处理器？

（4）你需要用户交互吗？

（5）你需要 LED、LCD 或其他东西吗？

（一）构件：传感器

传感器是测量物理世界的组件，它们非常适合测量或检测。

（1）光线，如光学传感器。

（2）运动，如加速度传感器。

（3）声音，如麦克风。

目前，传感器在物联网设备中的应用非常广泛，它们能够获取数据并将其联网。几乎所有的电子设备都至少具有一个传感器，如房顶的烟雾检测传感器。

（二）构件：通信模块

通信模块是在设备之间发送和接收信号的组件，它们非常适合从你的产品中获取数据。例如，蓝牙、Wi-Fi、红外线等是设备之间进行通信的比较流行的方式。随着设备变得越来越小、越来越分散，通信变得越来越重要，几乎所有的设备都必须进行某种类型的通信。

（三）构件：存储模块

存储模块是保存数据的组件，它们非常适合存储设备监测到的信息或传达给设备的信息。如今，最常见的存储模块是直接焊接在设备 PCB 中的小型闪存 IC。有些设备（比如以前的闹钟）完全没有存储模块，这是它们断电后需要重新设置时间的原因。

（四）构件：用户交互模块

用户交互模块是指允许用户输入信息的模块，或者是向用户显示信息的模块。它们非常适合以下几种操作。

（1）打开和关闭（开关）。

（2）更改设置（按钮）。

（3）显示设备处于哪种模式（LCD）。

（4）显示电源状态（LED）等。

几乎所有的设备至少需要具有开机指示灯。

（五）构件：处理器

处理器是大多数设备中的核心组件，它们是产品的“大脑”，它们通过传感器获取数据，通过通信模块进行发送和接收，将数据存入存储模块，接收用户输入并显示用户信息。有许多不同的处理器，但是它们只有几种样式，其中最常见的是微控制器和现场可编程门阵列（FPGA）。每个产品都需要一个处理器，并且产品的几乎所有的其他组件都将连接至该处理器。

从一开始就要选择正确的处理器，你可以随时改变外围设备，因为改变它们不需要花费太多成本和精力，但是改变处理器会使你需要重新设计整个系统。你要在下面两个方面找到平衡。

（1）如果你没有预留足够的处理器资源，那么未来增加新的功能将变得很困难，因为你需要重新设计整个电路。

（2）如果你为处理器预留太多暂时未用到的功能资源，就会提高硬件成本。

在选择处理器时，可以从以下几个角度来考虑。

（1）成本。

（2）性能。

（3）功耗。

（4）尺寸。

（5）软件和硬件工具的可用性。

（6）对所选平台的支持程度。

（7）社区支持程度。

（8）是否具备可用的开发板。

（9）是否具有良好的文档化软件 API 库。

（六）构件：其余组件

例如，连接机械元件的组件，并不完全适合上述5种定义。电机、继电器就是很好的例子，它们类似于用户交互模块，但是由于是对处理器的控制，它们经常被动地控制物理世界，建议将它们归类于“用户交互模块”或“存储模块”。

四、案例：指纹挂锁方案选型与设计过程

下面以指纹挂锁产品为例，简单地介绍硬件产品方案的选型与设计过程。主要从低功耗方案、主控制器（MCU）选型、指纹传感器选型、选型方案4个方面来展开说明。

1）低功耗方案

待机是核心指标，实现比较理想的待机，需要从电池选型和元器件低功耗设计两个方面考虑。

（1）电池选型。

由于挂锁的体积一般很小，因此电路板的长度一般不会超过30毫米，电池更不能太大。

干电池的尺寸无法满足要求，7号电池的长度约4.4厘米，没办法将其放进挂锁中。

纽扣电池的容量太小，购买和安装都不方便。

综上所述，锂电池是不错的选择。

锂电池可选尺寸约为20毫米×11.4毫米×6.4毫米（长×宽×高），实际尺寸可以根据结构进行调整。

容量：3.7伏，100～300毫安时。

（2）元器件低功耗设计。

待机方面主要涉及MCU、指纹传感器、电机驱动、触摸检测、稳压5个部分。

① MCU使用待机模式（Standby），待机功耗为3～5微安。

② 指纹传感器直接断电，待机功耗为0。

③ 电机驱动使用集成的 H 桥或用 MOS 管搭一个 H 桥，待机功耗可以达到 1 ～ 2 微安。

④ 触摸检测可以使用 TTP223 进行待机检测，待机功耗为 3 微安左右。

⑤ 稳压芯片选择 LDO，如 HT7533，待机功耗大约为 2.5 ～ 5 微安。

整机的待机功耗为 9.5 ～ 15 微安。

2）MCU 选型

MCU 的选型比较多，可以使用专用的芯片（如晟元、国芯等）或通用的芯片（如 ST、国芯、NRF、GD 等），两种 MCU 都可以完成指纹的一系列工作。

使用通用芯片的优点是可参考的资源更多，可以在网上找到比较成熟的固件原型和 PCBA 原型；缺点是需要把指纹算法移植到 MCU 中，对于没有相关技术资源的企业或个人来说，是一件比较有难度的事情。

指纹算法本身的计算量不大，只要 MCU 的主频有 50 兆赫就基本够用了，目前比较通用的 MCU 是 GD32FFPR，其他的 MCU 也是可行的。比如，你想用蓝牙和指纹的功能，就可以使用 NRF52840 这个 MCU，可以用一个 IC 集成蓝牙、指纹和 NFC 刷卡功能。

专用芯片的劣势为配套资料相对较少，比较封闭，从 0 到 1 做起来，需要更新比较多的补丁。比如，笔者在负责保险柜项目时，使用的是国芯的一款专用芯片，其配套资料很少，在整个开发过程中，原厂不断地在打补丁，如果没有原厂的大力支持，那么几乎寸步难行。

综上所述，在MCU选型方面，企业需要结合自己的技术和资源优势来进行。

3）指纹传感器选型

挂锁对指纹的安全级别要求不太高，根据成本和供应商资源进行考虑即可。与指纹相关的操作有 3 个，分别是录入、删除、开锁，其中删除和录入是超低频操作，开锁是超高频操作。所以在进行功能设计的时候，删除和录入操作复杂一些没关系，开锁速度一定要快。

4）选型方案

最终确定的选型方案选择的都是非常通用的元器件，除了电机（6 元左右）和电池（4 元左右），物料费用大约为 20 元。因为功能比较简单，所以开发相对容易。

下面列举笔者使用的方案。

电池：100 毫安、3.7 伏的锂电池。

MCU：GD32FFPR。

指纹识别：晟元。

电机驱动：L9110S。

充电管理：TP4056（TP4056 几乎没有什么外围电路，1 个小时基本就能充满电池）。

触摸 IC：TTP223。

LDO：HT7533-7。

下面粗略地计算上述方案的待机时长的理论值。

待机期间的电流为 50 毫安。

待机功耗按 15 微安来计算。

一天开锁 5 次。

一次开锁耗时 3 秒。

一天耗电量为（3 秒 ÷60÷60）小时 ×5×50 毫安 +24 小时 ×（15 微安 ÷1000）毫安 =0.568 毫安时。

总计可用时间为 100 毫安时 ÷0.568 毫安时 =176 天。

开锁次数为 176×5=880 次。

第七节　固件与软件

硬件产品的软件开发包含 3 个方面：固件开发、应用软件或小程序开发、后台开发。对于大多数的初创企业来说，固件开发一般由硬件工程师兼任，应用软件或小程序开发大多数会采用外包方式，也要充分考虑 UI 界面的可操作性、是否人性化、是否美观等因素。

一、固件开发顺序

电气工程师和嵌入式系统开发人员在构建固件时，具有多种样式和开发顺序，最常见的是使用“自下而上”的方法。该过程从最低级别（硬件）开始，逐步扩展到 Web 或 App。

（1）硬件测试：建立测试硬件的基本功能，确保正确地设计 PCB 和原理图，测试固件，循环上电、LED 闪烁、喇叭提示等。

（2）组件测试：测试每个数字组件，如 I2C、SPI、串行、USB 等总线上的任何组件。这是一项基本的功能测试，可确保组件以正确的参数响应。

（3）函数：将每组命令和逻辑序列包装在自定义函数中。

（4）库：开发相互依赖的功能组。

（5）管理器：许多产品都是多线程的，需要保证每个线程可靠地运行。

（6）API/Web：这些线程函数与各种 Web 服务进行通信。许多产品具有双向通信作用，因此硬件可以向服务器发起请求，而服务器可以向硬件发起请求。构建有条理的、合理的 API 有助于确保通信的高效、稳定。

在首次组装成功能原型后，通常会有很多不足之处，如规范文档的要求不完整、不正确，或者组件可能无法达到要求。在进入最终开发阶段之前，通常会构建至少 3 个全功能原型。

固件开发往往需要产品经理进行多方协调、反复沟通，相比互联网产品，硬件产品迭代周期长，良品率低及售后压力较大，对个人综合能力的要求普遍较高。

二、版本发布

版本发布是版本规划过程的一部分。什么是版本规划呢？版本规划是针对产品主线在各个阶段中的目标所做的产品功能规划。版本规划在时间线上其实是和产品的整体方案设计并行的，需要先管理需求，进行需求分析、优先级排序，然后规划版本功能。

（一）如何确定版本规划的内容

（1）需求汇总分析：根据收集的需求进行分类整理、优先级排序，规划接下来几个版本要做的事情。

（2）进行周期性的数据分析：对产品线上的数据情况进行分析总结，规划接下来要做的事情。

（3）根据高层领导分解的战略和目标规划要实现的产品功能。

（二）如何做版本规划

（1）版本目的：此次版本要满足什么需求？要解决什么问题？有什么用户价值或业务价值？

（2）版本范围：此次版本涉及哪些产品端和模块？要实现什么功能？

（3）确定版本周期和交付的时间节点。

（三）建立版本发布流程的目的

建立版本发布流程的目的是指导从项目到产品、从产品到市场的发布过程，同时指导项目组进行产品发布以实现下列目的。

（1）指导进行发布活动，有效地控制产品发布过程。

（2）有效地控制和追踪产品版本。

（四）版本发布涉及的人员

（1）产品经理：负责软件的设计与发布，在跟进项目研发状态的同时审核项目发布过程。

（2）研发工程师：根据 PRD 实现产品研发。

（3）测试工程师：保证软件质量，将软件存在的 Bug 反馈给研发工程师进行修复。

（4）运营工程师：负责产品的上架发布，跟踪需要现场调测的异常产品包验证状态。

（五）版本发布流程

1. 产品部门

（1）制订版本发布计划：产品经理与研发经理、测试经理商量确定项目研发的工作量及其测试时间，并制订版本发布计划。

（2）节点跟踪：产品经理根据版本发布计划跟踪项目的研发进度。

（3）版本发布：产品通过测试之后移交运营人员进行上架工作。

2. 研发部门

（1）研发产品，并跟进测试。

（2）协助运营人员进行上架工作。

3. 测试部门

对软件产品进行测试，保证产品质量。

版本发布流程如图 6-4 所示。

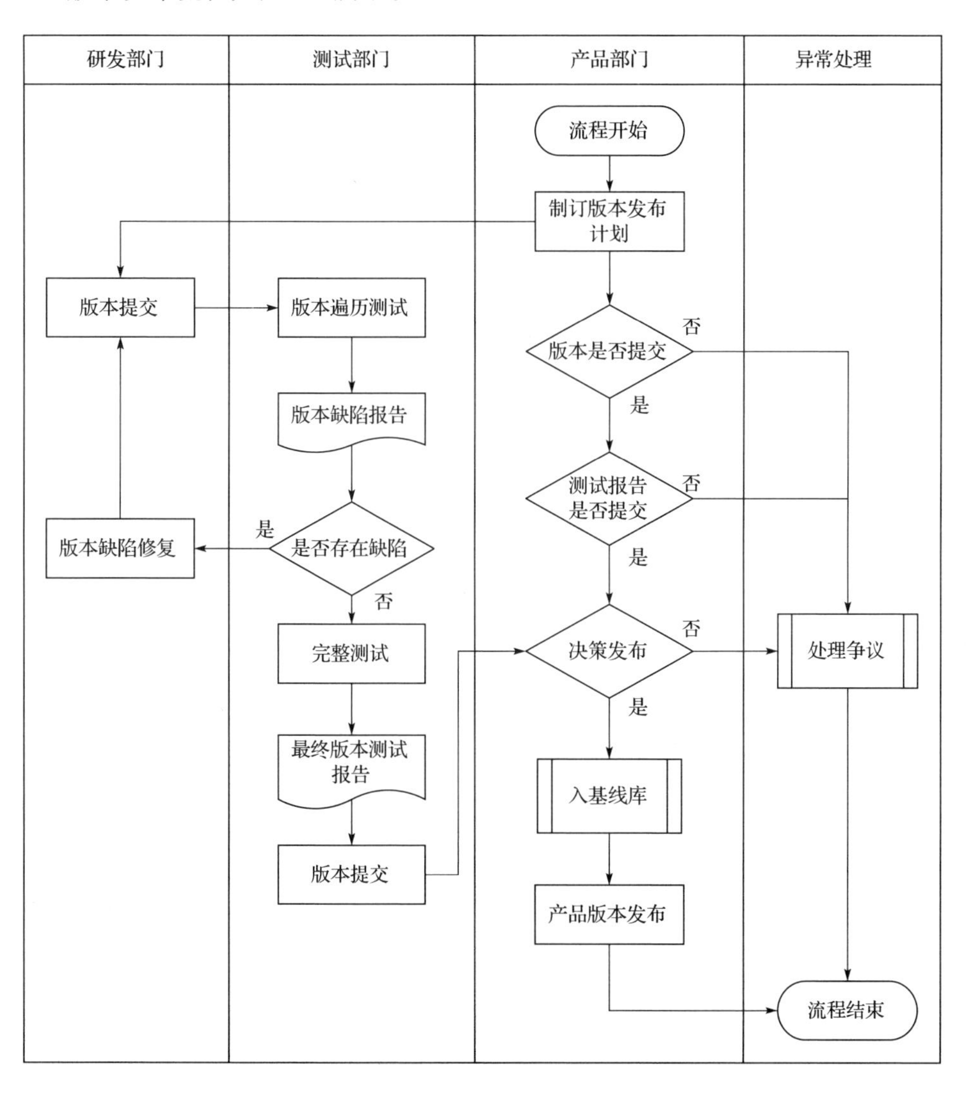

图 6-4　版本发布流程

第七章
产品开发流程之验证

验证阶段是产品开发流程中最常见的标准化阶段。验证是一个逐步严格的过程，当验证阶段从工程原型（EP）过渡到工程验证测试（EVT）、设计验证测试（DVT）、认证、生产验证测试（PVT）和批量生产（MP）时，每个阶段都会将重点放在针对批量生产（MP）的优化上。

第一节　工程原型与预生产原型

一、工程原型

工程原型（Engineering Prototype，EP）也叫 Alpha 原型，是首次将外观和功能整合到一个原型中的原型。一旦有了工程原型，你就可以向客户和投资者展示，这时寻找外部投资者就会变得更加实际。到此阶段，你已经克服了大部分的工程和制造风险。

工程原型接近生产原型，但尚未经过测试或尚未为批量生产做好准备。工程原型过程应包括以下内容。

（1）有 5 个或更少的单位。

（2）没有工具和有限的成本优化。如果单位成本非常高（通常是生产版本的 10 倍以上），那么也是可以的。

（3）准备发送给合同制造商报价的“数据库”（或零件、模型文件的完整列表，BOM）。

EP 代表产品开发流程中的最大的单个步骤功能，对于 B2B 企业业务来说，EP 通常足够好，可以开始销售。由于销售周期往往更长，因此对 EP 进行演示并承诺在几个月内交付生产版本是合理的。

如果你的产品具有 PCB，那么可以进行性能和成本的最终优化。EP 最重要的内容之一是完善用于大批量生产的塑料和对金属零件的设计，通常被称为可制造性设计（DFM）。

对这些零件进行优化后，工程师通常会进行几次“空运行”装配，以测试装配顺序、电缆长度、间隙和配合、功能。在工程验证测试的过程中，会对此做进一步优化。当一切都做好之后，就有了最终的 EP。

二、预生产原型

预生产原型也叫 Beta 原型，非常接近你的客户将看到的最终产品。在大多数情况下，如果通过零售店将产品出售，那么应当包括零售包装。

预生产设计的基本目的是帮助你了解产品的经济性。继续前进和浪费时间、金钱是没有意义的，很可能你在最后会发现产品并不容易制造或难以获得销售利润。

预生产设计主要回答以下问题。

（1）产品开发可行吗？

（2）产品开发需要多长时间？

（3）能卖出这种产品并获利吗？

（4）能负担得起开发这种产品的费用吗？

（5）能批量生产这种产品吗？

预生产原型可能在外观和功能上与外观原型非常相似，两者的主要区别为总体设计经过了 DFM 和可装配性设计（Design For Assembly，DFA）优化，并且原型由与大批量生产的工艺非常相似的制造工艺制成。

外壳设计对注塑过程进行了优化，塑料零件经过模流仿真，确保以后的塑料流不会在模具中出现问题。在此阶段，将考虑进行工程分析，包括公差分析、热模拟和结构优化。

在产品开发流程期间，许多企业家低估了从原型迁移到可以有效制造产品所需要的工作。制作一些原型与制造数百万个单元完全不同，在大多数情况下，需要进行大量额外的设计工作才能为大规模生产做好准备。

例如，在制作外壳原型时，通常会利用 3D 打印或 CNC 加工技术。对于批量生产来说，高压注塑成型将成为生产外壳的通用技术。3D 打印和 CNC 加工是非常灵活的技术，你可以制作可以想象的几乎任何形状的塑料原型。但是高压注塑成型具有非常严格的生产要求，完成 3D 打印原型后，有必要进一步升级注塑设计。

注塑过程始于模具的制造，模具是用金属加工而成的，金属的硬度决定了模具的使用寿命和成本。对于原型制作或早期生产来说，铝模具通常是最佳选择。一个铝模具通常价值几千元，最多可以生产 10 000 个零件。

从预生产原型到批量生产的过渡阶段，是将硬件产品推向市场的最容易被低估的阶段之一。

第二节　成本构成

很多创业者会大大低估将硬件产品推向市场所需的成本，即使对于简单的硬件产品来说，你也需要付出很大的时间和金钱方面的代价。硬件产品的成本构成主要包含以下几个方面。

一、电子设计：预估费用在 10 万元以上

电子设备是硬件产品的“大脑”，从设计的角度来看，电子设计通常花费较多。大多数全职的电子工程师的工资比较高，兼职的电子工程师基本是按小时收费的。因此，如果事情没有按制订的计划进行（大多数的情况都会在计划之外），你的成本就会失去控制。

二、原型制作：每次迭代的预估费用在 3000 元以上

一旦设计好电子设备，下一步就是使电子设备原型化。虽然硬件产品很难实现类似软件产品的快速迭代，初创硬件公司往往也只有一次机会来交付产品，但是在原型设计阶段，你需要尽可能快速地完成迭代。

硬件产品开发需要制订更多的计划，许多环节都有很长的交货周期，并且往往成本较高。

三、软件开发：预估费用在 3 万元以上

几乎所有的硬件产品都需要进行一定程度的编程，如果你的产品可以与智能手机通信，那么它可能需要配置移动应用程序。例如，笔者之前做的家用智能门锁产品，不仅需要开发手机端 App，还需要开发远程开锁功能及在线升级固件功能的后台支持服务。

四、塑料外壳设计：预估费用在 3 万元以上

你需要雇用 3D 建模工程师或工业设计师来为产品开发塑料外壳，模具费用较高，动辄几十万元。

五、塑料外壳原型制作：每次迭代的预估费用在 1000 元左右

一旦有了完整的外壳 3D 模型，就需要制作 3D 打印原型。由于 3D 打印技术的普及，原型成本近年来有所下降。请注意，几乎在所有的情况下都需要进行多次原型迭代才能使你的产品投入市场。

六、零售包装设计：预估费用在 3000 元以上

零售包装与产品一样重要，它不仅必须在运输过程中保护产品，更重要的是，它可以通过展示来推销产品。

七、零售包装原型制作：每次迭代的预估费用在 1000 元左右

与电子设备和塑料外壳一样，你需要制作零售包装原型。对于翻盖式包装

来说，其包括塑料外壳和印在插入卡上的一些产品介绍和图标。对于盒装产品来说，其包括定制的裁切硬纸板及印刷图标、介绍。

八、认证：预估费用在 1 万元以上

大多数产品都需要经过认证，才能在各个国家、地区销售，对于电子产品及无线产品来说尤其如此。认证费用可能是新电子产品的最大成本之一，其所需要的各种认证包括以下 5 种。

（1）SRRC 无线电认证：国内销售的包含蓝牙或 Wi-Fi 等无线电模块的产品必须有此认证。

（2）FCC 认证：适用于在美国销售的所有的电气产品。

（3）UL 认证或 CSA 认证：适用于在美国或加拿大销售的任何插入电源插座的产品。

（4）CE 认证：适用于在欧盟销售的大多数产品。

（5）RoHS 认证：可确保产品不含铅，是在欧盟或美国加利福尼亚州销售的产品所必需的认证。

九、制造：预估费用在 10 万元以上

对于消费类电子产品来说，如果要持续地进行批量生产，那么你很可能需要建立制造工厂，因为代工生产的人工成本是一项很大的支出。与使用 3D 打印技术生产的塑料原型不同，大规模生产的塑料零件需要使用高压注塑成型技术，需要使用昂贵的钢模。

十、其他：预估费用在每月 1000 元以上

除了上面列出的主要费用，还有产品责任保险、一般商业保险、仓储费、运输费用等费用。

将新的电子产品从概念推进到批量生产的成本千差万别，对于高度复杂的产品来说，总成本可能为数百万元。据报道，第一部 iPhone 从开发到推向市场花费了约 1.5 亿美元。

第三节　电子原型成本核算

一、产品原型成本

将新产品推向市场的第一个主要步骤是创建产品原型，你需要了解在产品原型制作过程中将要花费多少钱。产品原型的总成本通常包括 PCB 的成本、组件成本、组装成本及外壳成本。

产品原型的成本主要包含两个部分：工程成本和加工成本。

对于大多数产品原型来说，工程成本将占主导地位，尤其是在产品的复杂性对工程成本影响很大的情况下。一个简单的产品的工程成本可能只有几万元，而真正复杂的产品的工程成本可能高达数十万元甚至数百万元。因此，降低产品原型成本的最佳方法是尽可能早地简化产品。

当需要购买注塑模具以批量生产外壳（塑料或金属）时，即使是按钮位置之类的简单操作，也可能会使你多花几万元。

具体到电子产品设计领域，主要有 15 个步骤，需要将认证成本计算在内。

（1）根据市场调研来定义你的产品。

（2）了解将产品推向市场的成本和障碍。

（3）制订你的计划，克服障碍。

（4）选择你的发展战略和团队。

（5）电子部分：设计电路原理图。

（6）生成电子设备的 BOM。

（7）设计电子产品的 PCB。

（8）开发电子固件和软件。

（9）为产品外壳设计 3D 模型。

（10）获得电子设备和外壳的独立设计审查。

（11）设计电子产品的 PCB 原型。

（12）设计产品的外壳原型。

（13）评估 PCB 原型，根据需要进行修改。

（14）评估外壳原型，根据需要进行修改。

（15）获得所需要的认证：3C 认证、FCC 认证、RoHS 认证等。

降低产品的复杂性可以大大降低产品成本，从而在有限的预算下将产品推向市场。笔者曾经负责一款锁具类产品，由于过于追求效果而将它的亚克力面板设计成了弧形，结果大大增加了加工难度和成本（需要开模，而平面亚克力设计只需要切割加工即可），但是对于客户来说，该设计是非必需的。

兼职的电子工程师一般按小时收费，费用会受工作地点、工作经验及年限、受教育程度、专业领域等影响。优秀的工程师可能会按日常工作的两倍的效率进行工作，而且工作质量更高。无论他们所处的位置或他们的经验水平如何，如果你没有经验来审查他们的工作质量，就必须让其他的独立工程师来审查他们的工作质量。对于大多数产品来说，至少需要一名电子工程师、一名程序员和一名结构工程师。

二、电子原型

你为 PCB 原型支付的费用取决于许多变量，大多数的 PCB 需要做成两层板。当然，添加更多的层可以缩小电路板的尺寸，但会增加电路板的成本。

尽管电路板的成本也会随着电路板尺寸的增加而增加，但是层数对成本的影响更大。先进的 PCB 技术（比如盲孔和埋孔）可以用来进一步缩小电路板的尺寸，但是这些技术会增加数千元的原型设计成本，因此仅在绝对必要时才使用它们。

除了电路板的生产和组装成本，还有电子元件的成本。但是对于大多数产品而言，这些电路板的成本是最低的，并且几块电路板的总成本通常不到 100 元。

为了使产品的成本构成更加明确，加工测试及物流费用需要折算到 BOM 中。其中，影响 PCBA 的价格因素主要包括元器件采购、PCB 制造、SMT 贴片加工、DIP 插件和 PCBA 测试。

PCBA 加工包括以下 4 个方面的费用。

（1）PCB 费用 +PCB 测试费 +PCB 工程费（小批量）。

（2）元器件采购费用。

（3）SMT 贴片加工费用（SMD 贴片 +DIP 插件）。

（4）PCBA 测试费用、组装工程费（小批量适用）、特殊包装及物流费用。

（一）PCB 费用 +PCB 测试费 +PCB 工程费（小批量）

PCBA 组装及加工需要提供 PCB 文件和 BOM，PCBA 组装加工厂会根据 PCB 文件制作 PCB 裸板，根据工艺难度来确定 PCB 费用。

PCB 设计具备相当高的复杂性，需要保证制造的精度和准确性，制造成本取决于设计及 PCB 的用途。一般情况下，影响 PCB 制造成本的 3 个最有影响力的因素是板的尺寸、层数及使用的材料类型。

1. 决定 PCB 制造成本时必须考虑的 8 个因素

（1）PCB 的材料选择：典型的 PCB 是用 FR4 材料层压而成的，但是这不足以用于高强度的应用场景，如燃料或航空航天工业。

（2）PCB 的实际尺寸：PCB 的尺寸会影响其最终成本，这是影响 PCB 整体价格的第二个关键因素。

（3）PCB 设计中的层数：层数越多，成本越高。当然，这是决定价格的因素之一。层数越多，就需要越多的生产步骤（层压过程），完成制造过程所需的时间和资源越多。

（4）PCB 表面处理的类型：PCB 设计选择的表面处理会影响成本，尽管这是次要因素，但是有些更高级的表面处理会延长 PCB 的存储期。

（5）PCB 上孔的大小：PCB 上孔的大小和数量将影响最终的生产成本，PCB 上孔的大小是影响成本的关键因素。

（6）最小走线宽度和间距：无论 PCB 尺寸如何，走线宽度与载流能力之间通常都存在关联，更宽、更厚走线的需求需要更多的材料，成本会更高一些。

（7）PCB 的厚度和长宽比：价格和 PCB 的厚度之间存在相当直接的关系，更详细地来说，较厚的材料可能导致更高的采购、层压和形成 PCB 的成本。

（8）自定义或特殊规范：自定义或特殊规格会增加成本。所以，在做出任何最终设计决定之前，进行仿真设计可以更好地了解可能存在的电路板成本和后续设计要求。

PCB 的批量报价除了与其层数、定制数量、板材、表面涂覆工艺有关，还与其最小线宽、最小线距、最小孔径、孔数，以及外形加工方式等相关，所以需要提供 PCB 的详细工艺信息才能进行准确的 PCB 批量报价。

2. PCB 批量报价

PCB 行业是如何进行 PCB 批量报价的？

1）小批量按尺寸价格计算

PCB 厂家会根据 PCB 不同的层数、工艺给出每平方厘米的单价。客户只需要先把标准 PCB 的尺寸换算成厘米，然后乘以每平方厘米的单价，就能得出所需要生产的 PCB 的单价。这种报价方式适用于用普通工艺生产的小批量 PCB 订单。

PCB 单面板、FR4 材料、2000PCS 的订单，单价为 0.03 元 / 平方厘米，每个 PCB 的尺寸是 10 厘米 ×10 厘米。生产的数量是 2000PCS，单价就等于 10×10×0.03=3 元 /PCS。

2）大批量按成本精细化价格计算

PCB 的原材料是覆铜板，生产覆铜板的厂家制定了一些固定的尺寸在市场上销售。PCB 厂家会根据所要生产的 PCB 的材料、层数、工艺、数量等参数，计算出对应批次 PCB 的覆铜板的利用率，进而计算出材料的成本，再加上相应的人工成本和利润，就能够计算出单片 PCB 的价格。这种报价方式适用于大批量的 PCB 订单。

3）模具费用与测试架费用

不管是大批量还是小批量的 PCB 制造，批量报价都有模具费用和测试架费用。PCB 在进行大批量制造时需要开模具冲板，这样就会产生模具费用。PCB 批量制造就要开测试架来测试，需要收取相应的测试架费用。通常年下单货款达到一定的数量时，就会返还模具费用和测试架费用。

（二）元器件采购费用

PCBA 加工的第二部分费用是元器件采购费用，PCBA 厂商会根据你提供的 BOM 采购你需要的元器件。在进行元器件采购时，由于像电阻、电容等盘装料及 SMT 贴片存在损耗，需要涵盖 5% 左右的材料损耗上浮费用。因此，通常与 PCBA 组装加工厂有长期合作的元器件供应商的价格会低一点。

（三）SMT 贴片加工费用（SMD 贴片 +DIP 插件）

计算 SMT 贴片加工费用要先看加工量有多大，小批量的 SMT 贴片加工通常需要加收工程费。计算点数乘以点数单价即可得到贴片加工费用，贴片点单价为 0.01 ～ 0.015 元，点数按照 SMT 贴片料 2 个引脚为 1 个点计算，DIP 插件按照 1 个引脚为 1 个点计算，两者相乘即可。当然，不同地域及厂家的报价会略有区别。

SMT 贴片加工价格目前基本处于透明阶段，多少钱一个点的算法很简单。

某工厂的报价单如下。

SMD 贴片料 2 个引脚为 1 个点；0402 元件按每个点为人民币 0.018 元计算，0603 — 1206 元件按每个点为人民币 0.015 元计算。

插件料 1 个引脚为 1 个点，按照每个点为人民币 0.015 元计算。

插座类 4 个引脚为 1 个点，按照每个点为人民币 0.015 元计算。

普通 IC 4 个引脚为 1 个点，按照每个点为人民币 0.015 元计算。

密脚 IC 2 个引脚为 1 个点，按照每个点为人民币 0.015 元计算。

BGA 2 个引脚为 1 个点，按照每个点为人民币 0.02 元计算，

机贴大料按照元器件的体积翻倍来计算。

后段加工费用按照每小时为人民币 35 元计算。

制作 SMT 贴片加工报价需要的资料有 BOM、PDF 贴片图、样板图片等，这样可以提供更加精准的报价。SMT 贴片加工的主要目的是将贴片元器件贴装到 PCB 的焊盘上，有的公司将一个焊盘作为一个点来计算，但也有的公司将两个焊盘作为一个点来计算。

最简单的模式是，如果将一个焊盘作为一个点来计算，那么客户只需要将 PCB 焊盘数乘以单价就可以了。

PCBA 组装的基础是 PCB，PCB 是重要的电子部件，是电子元件的载体，由于它是采用电子印刷术制作的，因此通常被称为印刷线路板。PCBA 就是组

装了元件的 PCB，组装元件技术一般分为两种：SMT 贴片和 DIP 插件。

SMT 贴片是目前电子组装行业最流行的一种技术。SMT 表面贴装技术是一种将无引脚或短引线、球的矩阵排列封装的表面组装元器件安装在 PCB 的表面或其他基板的表面，通过回流焊或浸焊等方法加以焊接组装的电路技术。

SMT 贴片的加工成本如下。

物料：锡膏、助焊剂、胶水、清洗剂等。

工时：PCB 布局、贴片数量等。

人工：SMT 贴片不需要很多人，一条线需要 3 ～ 4 人。

设备：投资取决于产品的复杂程度，需要用电和惰性气体。

其他：车间需要防静电、安装空调、抽风换气等。

SMT 贴片加工费用：点数 × 一个点的单价 + 锡膏、自动光学检测（AOI）费用 + 下载校准费用 + 组合板切割费用 + 钢网费用。

在 SMT 贴片中，按点数计费 + 钢网 + 锡膏费用 + 下载校准 + 切割板费用，是一套很经典的计算方法。

目前，市场上焊点单价各不相同，从 0.008 元到 0.03 元的价格都有。这取决于 SMT 贴片加工的工艺难度，以及 SMT 贴片厂商对贴片质量控制的要求和能力。往往价格低的 SMT 贴片加工可能没有测试环节或没有物料检验环节。

整个批次的 SMT 贴片质量难以得到保障，产品的一致性和可靠性会存在很大的隐患。SMT 贴片价格稍微高一点的厂家会有品质控制流程，能提供更好的交货周期和服务。

通常情况下，PCB 样品的加工是按照款数收费的，100 片以内的为 SMT 贴片打样订单。

PCB 的复杂程度、做程序的时间、上机转线的时间不同，价格也会不同，通常为 600 ～ 8000 元。

小批量 SMT 贴片加工费用在按点数计算后，会根据 PCB 元件的种类、调试贴片机的时间、做首件的难度加收一些开机费。

SMT 贴片需要使用钢网，即根据 PCB 的大小开不同型号的钢网。根据 PCBA 上芯片的精密度，可以选择开电抛光钢网或普通钢网。不同的钢网型号使用费用大概为 100 ～ 350 元。当然，客户可以自己提供钢网。

综上所述，SMT 贴片加工费用的计算方式如下：

SMT 贴片加工费用 = 点数 ×1 个点的单价（包括红胶、锡膏、AOI 检测等费用）。

此外，还应包括钢网费，如果客户需要涂敷三防漆，那么还要加上三防漆的费用，特殊情况特殊对待，对于特殊的工艺则另算。

（四）PCBA 测试费用、组装工程费（小批量适用）、特殊包装及物流费用

PCBA 测试的成本主要为测试人工成本 + 制作测试治具费用 + 辅材费用。测试人工成本按小时计算，制作测试治具费用主要根据市场行情来定，辅材主要是指示波器和电脑等器材。

将它们相加就可以得出 PCBA 测试费用。

第四节　外壳原型成本核算

外壳原型成本取决于你是否需要进行定制设计，或者你是否可以使用库存或公版外壳。库存或公版外壳的成本通常只有几元，也就是单个物料的成本。

定制外壳原型将花费数千元，一般可能涉及开模加工，具体价格取决于其尺寸、复杂性和所需的零件数量。

以小米第一代智能手环为例，其定价为 79 元，在短短 4 个月的时间内，销量突破 100 万台。其成本组成包括以下 4 个方面的内容。

（1）开发投入。

（2）BOM 成本。

（3）销货成本。

（4）固定成本。

注：由于笔者未实际参与该产品的加工，以下数据仅作为合理性假设与推算。

1. 前提假设

（1）小米手环零售价为 79 元（实际售价）。

（2）首批生产数量为 100 万台（实际销量）。

（3）产品开发将花费 9 个月的时间（估算）。

（4）整个产品从设计到生产再到出货，需要一个 5 人全职的小团队（估算）。

前提假设如表 7-1 所示。

表 7-1 前提假设

零售价	数量	开发周期	人员
79 元	1 000 000 台	9 个月	5 人

2. 开发投入

硬件产品的前期投入一般比较大，大多数公司会在产品开发上花费大量的时间和金钱。简单的产品开发需要花费 10 万～50 万元，开发周期通常需要 6～9 个月。

硬件产品的开发、生产至少需要一位工业设计师、一位结构工程师、一位电子工程师（硬件和固件）和一个装配工人。他们需要花费 9 个月时间与客户交流，建立产品原型并为最终的批量生产做好准备。产品开发成本如表 7-2 所示。

表 7-2 产品开发成本　单位：元

产品开发成本	描述	预算 / 年	实际花费 / 9 个月	摊销成本
管理支出	管理、生产	60 000	56 250	0.05625
结构工程师	结构设计、3D 打样、手板制作	80 000	75 000	0.075
硬件工程师	PCBA 设计与调试	80 000	75 000	0.075
固件工程师	固件开发与调试	80 000	75 000	0.075
工业设计师	ID 设计、CMF	60 000	56 250	0.05625
原型及工装	PCB 生产、组装、返修	20 000	20 000	0.02
产品开发费用	—	—	357 500	0.3575

3. BOM 成本

硬件产品开发完成后，我们将得到一份手环的 BOM。这是作为一家硬件公司不得不产生的最根本的成本之一。BOM 项包括用于开模的塑料件、PCB、组装塑料件的胶水和出货的外包装。

小米手环的整体材料成本为 39.5 元，其 BOM 如下。

小米手环采用的是 Dialog A14580 超低功耗传感器，市场价格约为 12.5 元。

三轴陀螺仪感应器目前的市场价格约为 6.5 元。

电源芯片（充电、DC/DC 等）的市场价格约为 2.5 元。

可充电的纽扣电池的市场价格约为 2.5 元。

其他元器件（包括震动器等）的市场价格约为 6 元。

铝合金外壳、表带扣加上腕带的市场价格约为 5 元。

包装和外围的市场价格约为 4.5 元。

4. 销货成本

只考虑国内的销售情况，销货成本主要包含成品装配费用、代加工佣金、废品率、税费、物流费用、退换货费用等，销货成本如表 7-3 所示。

表 7-3　销货成本　　单位：元

流程开销	描　述	预　算	扩展成本
BOM COST			39.500
装配工	装配时间	10 分钟 5 元 / 时	0.833
代加工佣金	BOM 边际成本	5% 的 BOM 成本	1.975
废品率	质量不合格的产品	5% 的 BOM 成本	1.975
税费	增值税	17% 的 BOM 成本	6.715
货运	运费	—	4.000
第三方物流	—	7% 的 BOM 成本	2.765
退货	退换货	1% 的退货率 +12 元 / 件的退换货物流	0.698
销售成本			58.461

5. 固定成本

固定成本是每发布一款新产品时需要一次性支出的那部分费用，如塑料模具工装费用、FCC 蓝牙认证费用、SRRC 产品认证费用等。这些固定成本最好单独列出（因为该部分支出的金额数量可能比较大），按小米手环总出货量为 100 万套为例，其固定成本如表 7-4 所示，表 7-4 列出了将这些费用分摊到单个设备上的情况。

表 7-4　固定成本　单位：元

固定成本	描　述	预　算	开　销	摊销成本
COGS（销货成本）			58 461 000	58.461
EVT 和 DVT	不可销售的调试单元	500 倍的 BOM 花费	19 750	0.020
注塑模具	设计、生产、安装和调试	6 套，每套 5000	30 000	0.030
冲压工具	设计、生产、安装和调试	2 套，每套 2500	5000	0.005
FCC 蓝牙认证	—	—	5000	0.005
销货成本 + 固定成本			58 520 750	58.521

6. 采用哪种销售方式

小米手环是由小米生态链企业华米设计生产的，在小米平台销售的话不仅要控制毛利润率，还要被小米平台收取一定的费用。下面对比直销和在线销售（小米商场）两种方式对利润的影响。

直销：通过自己的网站销售，无须支付额外的费用，但必须自己处理付款业务及支付物流费用。

在线零售：通过没有实体店的第三方卖家进行，只需要支付较低的费用。

不同的分销渠道的利润对比如表 7-5 所示。

表 7-5　不同的分销渠道的利润对比

分销成本	直　销	在线零售（小米商城）
削减零售利润	0	18%
总销售单价	79.000	64.780
手续费	-4.950	—
订单执行	-2.360	—
单位成本	-58.521	-58.521
保险费	—	-3.000
展示与存放成本	—	—
装入成本	—	—
毛利润 / 单元	13.169	3.259
毛利润	13 169 000.000	3 259 000.000
净利润	12 811 500.000	2 901 500.000

使用不同的销售渠道，单位产品的利润额有很大的不同，可以看出其对毛

利润的影响极大。对于小米生态链企业来说，如果不依赖小米商城，那么也许连保本销量都做不到，完全依赖小米商城则会导致无法获取足够高的利润，这是小米生态链企业纷纷要自强不息的原因所在。

关于小米手环 79 元的定价，据华米科技创始人、董事长兼 CEO 黄汪介绍，低价的确是当时小米手环很关键的优势，但这并不是为了跟那些卖 200 元以上的品牌比拼。之所以定到几乎不赚钱的价位，主要是为了击退“山寨厂商”。很多人不知道，“山寨厂商”是当时做品牌硬件最让人担心的竞争对手之一。

这里就涉及定价的另一个元素——市场定位，如果仅仅根据成本和高利润率来定价，那么小米手环未必能获得快速的商业成功。

对于“山寨厂商”来说，无论如何控制成本，它“山寨”的产品价格都只会比你的产品价格低。如果一开始小米手环的价格就定到 199 元、299 元，那么就是为“山寨厂商”做了推广贡献。因为“山寨厂商”不会考虑各种品牌、市场投入和税收之类的问题，它看到你的产品卖得特别好，你将产品的价格定为 199 元，它就敢将产品的价格定为 99 元甚至更低。

79 元的产品定价帮小米击退了“山寨厂商”，可能有的“山寨”产品可以把价格定得更低，但缺乏小米的品牌影响力，也就很难有更大的爆发力。从小米手环的价格策略上看，市场定位对于一款产品的成功来说至关重要。后续笔者会解析如何进行市场定位。

随着产量的增加，所有的产品成本都将大大降低，不应将原型的成本与产品的制造成本混淆。即使将产品生产量从 2 个单位增加到 100 个单位，也会对单价产生影响。最重要的是，你需要花费大量的精力去简化产品，以使其更可行地进行原型设计并最终将其推向市场。

第五节　产品定价前的准备

确定硬件产品的价格是最重要的决定之一，你需要尽早确定正确的产品价格。产品定价是一个复杂的决定，有很多变量。在理想的情况下，价格是从验证产品创意开始的第一天就应该考虑的事情。

如果你将产品价格定得太低，那么你将无法获得足够的利润；如果你将产品价格定得太高，那么你将不能很好地进行产品销售。

与软件产品不同，硬件产品从设计到上线销售需要多种渠道，还需要供应链的建设支持，前期投入大，试错成本高。尤其是对于初创硬件公司而言，很难通过 A/B 测试来检验价格策略，这就意味着你的产品只能有一个针对所有用户群的价格。

之所以进行产品定价比较困难，主要有以下两个原因。

首先，定价决定收益，也就是你的产品定价能在市场上保持多久。

其次，你会被制定的初始价格限制，提高价格困难，导致利润难以提高。

虽然你想使产品定价在消费者可以承受的范围内，但是在刚开始时仍然不能将产品价格定得太低，否则日后很难再提高，因为降低价格更容易实现。在大多数情况下，你最好从高端定价开始，因为你可以根据需要灵活地降低价格。但是如果你以太高的价格开始销售产品，那么早期销售产品时销量可能会很低。如果你的产品最初销售不理想，就很难恢复为原价格。

因此，产品的价格取决于产品的销量，但是如果不去实际销售产品，那么你就不可能知道具体的产品销量，而在销售产品前必须先为产品定价。当然，随着销量的增加，产品的单位成本将会不同程度地降低。此外，为了使产品在市场上建立良好的口碑，随着产品销量的增加，市场推广成本也会一定程度地增加。

如果你想提高产品价格，就必须先调整服务或产品架构。以笔者之前负责的智能门锁产品为例，考虑到其电子方案的开发及稳定周期较长，我们的做法是通过重新调整其外观或使用公模来快速构建产品的外观差异性，从而实现产品的差异化定价。

对于初创硬件公司而言，现金流意味着企业的生命线，产品定价会直接影响公司的毛利润，公司的毛利润直接决定其收益，就是你卖产品给用户获得的钱与你将产品交付到用户手中需要花费的钱的差值。

不同类型的产品的毛利润差别很大。相比小米以硬件成本定价、靠增值服务收费的商业模式，大多数硬件公司必须获取足够高的毛利润才能生存下去。

无论一款产品要进行什么样的产品定价策略，产品定价都离不开成本核算。从物理产品的成本计算开始，包含包装费和运费。同时，产品售前、售后的客户服务费是必不可少的，你需要及时处理客户支持、运输及随机出现的各种问题。次品率是另一个很重要的因素，对于新品，尤其是对于互联网跨界做硬件的企业来说，在走顺所有的流程之前会进入“连环踩坑”环节，总会遇到意想不到的问题，15% 的次品率是很正常的。以笔者之前负责的智能门锁产品为例，前前后后遇到了以下各类问题。

（1）系统问题：设备无规律且高频地异常重启；固件被异常擦除，导致客户批量退货。

（2）功耗异常：仅仅运行一周的时间，设备直接馈电异常。

（3）静电问题：在正常开锁过程中，人体静电导致设备死机，无法开锁。

（4）报警异常：客户在家的情景下，频繁地听到门锁异常报警。

（5）结构问题：频繁地开锁，把手内部的弹簧断裂。

（6）物料问题：采购交期延误，导致无法及时发货。

（7）运输问题：运输导致内部器件脱落，影响产品的正常使用。

如果你没有遇到这些问题，就需要去供货商那里仔细排查，问题很可能被他们掩盖了，同时做好售后维护工作，为替换卖给用户的次品支付往返运费。

一、产品定位

你打算在市场上定位什么产品呢？你的产品是只吸引奢侈品的用户，还是会面向更广泛的消费市场？例如，你开发了一款可穿戴的运动手表，需要明确以下问题。

（1）它将针对仅希望基本功能和低价位的普通消费者吗？

（2）它将针对更认真的运动者吗？他们愿意为更多的功能支付额外的费用吗？

（3）你的设备将针对愿意为顶级产品付费的专业运动员吗？

价格要反映最有可能购买你的产品的受众特征。因此，收集目标市场上的基本人口统计数据是一个很好的开端。他们的性别、收入水平、年龄、家庭规模是怎样的？你可能希望获得更高级的信息，并创建理想客户的行为概况。你不仅要了解谁购买产品，还要了解他们为什么购买产品。

二、分销渠道

你的定价策略完全取决于分销策略，如果你在自己的网站上销售产品，那么利润率将比通过零售店销售的利润率高得多。但是，通过大型零售商进行销售，可能会有更高的销量和更好的知名度。

大多数初创硬件公司会首先在自己的网站上销售产品，然后迁移到零售店。你也可以仅在自己的网站上销售稍微独特的产品，这样就消除了与零售店的直接竞争。你可能最终会有各种分销渠道，每个分销渠道都会收取相关费用。

对于其他的零售商来说，你可能有一个独立的销售代表，每次销售产品你都要收取佣金，需要将所有的分销渠道纳入定价策略。

三、销货成本

首先需要明确你为产品支付的费用，即销货成本（Cost Of Goods Sold，COGS）。如果你不知道产品的COGS，就不会知道产品是否可以获利。COGS不仅包括产品的制造成本，还包括其他的成本，如包装、运输、仓储和进出口关税。

你可以将产品的COGS视为最低价格，如果出售产品的价格低于COGS，那么每次销售都会受损失。COGS是你的收支平衡产品销售价格，随着产品产量的增加，你的COGS将大大降低。

几个成本术语的解释如下。

（1）制造成本：仅包括制造产品的实际成本。

（2）销货成本：包括与生产产品相关的所有的直接成本。

（3）生产成本：在技术上被定义为生产产品的公司的所有的业务费用。

（4）到达成本：产品到达仓库或分销商后为产品支付的总费用。

尽快计算产品的COGS至关重要，你需要在花费大量的资金开发产品之前先估算产品的成本。

以下是构成 COGS 的内容。

（1）电子元件，如微芯片、传感器、连接器等。

（2）PCB 生产。

（3）SMT 贴片：将所有的组件焊接到 PCB 上。

（4）注塑塑料零件，如外壳等。

（5）杂项机械零件。

（6）最终产品组装。

（7）品质测试。

（8）制造废料。

（9）客户退货。

（10）物流与仓储。

（11）进出口税。

如何计算你的 COGS 呢？假设你要向市场投放的产品单位成本为 50 元（带包装），次品率为 15%。同时，需要聘用一位客户支持人员（每小时 10 元，1 个月工作 20 天，每天工作 8 小时）。

你需要估算 1 个月的产品销量，之后就能看见产品销量增长后，每件产品成本的变化。保守起见，选择每月销售 1000 件产品，当然随着销量的增加，产品成本会降低。

成本核算如表 7-6 所示。根据表 7-6，你应该马上注意到，从供应商拿货的产品单位成本是 50 元，但是其实际成本已经高达 58.1 元。如果少算 8.1 元，那么 1 个月就要少算 8100 元，6 个月几乎要少算 50 000 元。

表 7-6 成本核算

单位：元

类别	说明	总投入 / 月	摊销成本
物理成本	产品和包装	50 000	50.00
运输成本	5 元 / 单位（批量货运）	5000	5.00
人员成本	1 名客服；10 元 / 时	1600	1.60
次品成本	15% 次品率，运费 10 元 / 单位	1500	1.50
成本		58 100	58.10

第六节　硬件产品的定价方式

硬件产品一般有以下 3 种定价方式。

（1）基于成本的定价。

（2）基于市场的定价。

（3）基于价值的定价。

一、基于成本的定价

基于成本的定价是一种自下而上的策略，要计算基于成本的零售价格，你只需要获取产品的 COGS 和利润。

基于成本的零售价格 = COGS + 利润

作为新兴的硬件公司和新产品的初次设计、制造者，你可以侧重使用这种定价方式。你希望产品上市之后大家可以买得起，因此，选择一个能让你在市场存活的零售价格很重要。对于硬件产品而言，大多数情况下，零售价格将定为 COGS 的 2 ～ 4 倍，理想的情况下，零售价格至少应为 COGS 的 3 倍。

不过对于早期的小批量产品来说，成本一般偏高，如果你在早期的生产经营中没有达到此利润水平，那么也不需要担心。同样，不要为了获得更好的价格而订购大量的产品。你应该始终将最小化风险放在优先的最大化利润上。

你需要从小处着手并逐步提高产量，确保产品能按预期进行销售并解决所有的问题。考虑到竞争情况，无论产品有多么独特，你都会受到竞争对手的限制，从而限制你可以赚取的费用。

如果你将小批量生产价格作为产品定价，那么将无法获得竞争优势。相反，当你要提高产量时，必须根据 COGS 对产品进行定价。

单独使用基于成本的定价来制定产品价格不是一个好主意，这是因为它忽略了两个非常重要的事情：竞争和用户。你需要结合 3 种定价方式来制定产品价格。

要计算自下而上的定价，你需要从产品制造的花费开始，直到计算出产品的零售价格。算出来的零售价格可能很高，会让你觉得不会有人买这种产品，但是刚开始的时候要聚焦成百上千的种子用户。如果没有种子用户，就只能说明你没找对产品方向。

初始用户是产品的早期使用者，如果他们不愿意花高价购买，那么你将不太可能设计出一个他们不可或缺的产品。继续讲上一节预设的例子，假设要得到 50% 的毛利润，核算出的零售价格和非零售价格如表 7-7 所示。

表 7-7　自下而上的定价

单位：元

项　目	要　求	零售价格	非零售价格
物理成本	COGS	58.10	58.10
从用户收到的资金	增加毛利润 50%	58.10	58.10
	—	116.20	116.20
批发价格	增加信用卡费率 3%	3.49	3.49
	增加物流费 5 元	5.00	5.00
	增加退返津贴 3%	3.49	—
	增加销售佣金 10%	11.62	—
	—	139.80	124.69
最终定价	增加零售利润 40%	93.19	—
	—	232.99	129.69

从表 7-7 能看出，如果你为一个好的零售渠道留出空间，就会对线上价格产生影响。这是很多硬件公司选择从线上开始的原因，这样会让公司建立现金流，降低成本，最终影响零售价格。

二、基于市场的定价

基于市场的定价是从研究竞品或类似产品的价格开始的，是一种自上而下的定价方式。使用基于市场的定价，你可以根据竞争对手为其解决方案收取的费用来制定产品的零售价格。

研究市场上所有的竞品，并确定你希望产品能够占据适合的位置。通常情况下，销售价格和功能决定了产品将在市场中占据的位置。

基于市场的定价的主要问题是，不要将产品价格定得过低，以致无法获得可持续的利润。例如，如果你的竞争对手是一家生产批量产品的大公司，那么你将很难获得竞争优势。由于其与苹果或小米这样的公司不同，你很难制造数百万个产品，因此将无法单靠价格来竞争。

如果同时进行产品创新，而不是单靠价格来竞争，你的境况就会好得多。在基于市场的定价中，你可能忽略制造成本和用户，这是你需要结合 3 种定价方式的原因。

自上而下的定价如表 7-8 所示。继续前面的例子，想要使产品零售价格是 200 元，在表 7-8 中计算了需要花费多少钱才能让产品触达消费者，计算了毛利润和毛利率。对于硬件产品来说，不管你是否要做零售，建立一个模型来计算零售和非零售两种方式对利润的影响是很重要的。

表 7-8　自上而下的定价　　单位：元

项　目	要　求	零售价格	非零售价格
零售建议价格	—	200.00	200.00
批发价格	减去零售利润 40%	80.00	—
	—	120.00	200.00
从用户收到的资金	减去销售代表佣金 5%	6.00	—
	减去退返津贴 3%	3.60	—
	减去物流费 5 元	5.00	5.00
	信用卡费率 3%	3.60	6.00
	—	101.80	189.00
毛利润	减去产品物理成本	58.10	58.10
	—	43.70	130.90
毛利率	—	42.93%	69.26%

国内传统的线下渠道的毛利率为 20% ～ 50%，如果毛利率低于 20%，则说明你的产品的价格定得太低了。

三、基于价值的定价

在产品开发早期，你可以询问潜在目标用户愿意花多少钱购买该产品。这可能有用，但是事实上会经常误导你。因为在用户的想象中，产品质量要远高于即将走下生产线的实际产品。在用户实际购买之前，很难确定他们愿意花多少钱购买该产品。

产品的市场定位会在很大程度上影响人们愿意花多少钱购买该产品，在做市场定位之前，首先需要洞悉消费者的购买动因。

基于价值的定价会将消费者的心理因素纳入价格体系中，基于价值的定价依赖它为消费者提供的价值。所有的产品为消费者带来的收益都可以从更深层次来考虑，思考一下你的产品、服务及它能提供的所有的收益，也就是人们购买它的理由。依次审视这些理由，探究背后的根本原因，分析人们的购买动因，步骤如下。

（1）分析消费者从产品中得到的直接收益或价值。

（2）填写收益矩阵表格，把各种直接收益填在第一列中。

（3）把深层动因填在第二列中，依次类推。

（4）最后分析得到基本情感动因。

以星巴克咖啡为例，各个层次的购买动因如表 7-9 所示，最终的收益都会归于缓解疲劳与精神愉悦两大基本情感动因上。

表 7-9　购买动因

初级（1 级）动因	2 级动因	3 级动因	基本情感动因
咖啡的味道	甜味、苦味 提供能量	熟悉感 舒适感	精神愉悦
提神	—	—	缓解疲劳
提升自我形象（品牌影响）	虚荣心	—	精神愉悦

最容易考虑的、基于价值的定价示例是为用户省钱的产品。例如，假设你的产品是一种节能设备，可以使普通家庭每年节省 300 元的电费开支，那么可以说产品的价值至少为 300 元。

实际上，基于价值的定价必须将竞争对手的产品定价纳入价格体系中。尽管你的节能设备每年可以为用户节省 300 元，但是市场上竞争对手的解决方案可能仅售 100 元。关键是要使你的产品与竞争对手的产品有很大的差异，从而使产品的价值成为用户购买产品的主要考虑因素。

对于每一种购买动因而言，你都面临着不同的竞争对手，消费者在满足这些自身需要时会有多重选择。

例如，盒马鲜生的创始人侯毅先生曾说："盒马鲜生想干掉的其实是你家里的冰箱！"对，你没听错，就是冰箱！冰箱的基本用途是什么呢？是储存食物，食物需要从冰箱里进出，也就相当于我们常说的电子商务的入口。盒马鲜生是怎样做成这件事情，让用户的冰箱闲置下来的呢？

第一个策略，在用户家方圆 3 千米范围内，可以免费配送。

第二个策略，在用户家方圆 3 千米范围内半小时可以送货上门。半小时送货上门是什么概念？就是在传统场景中，当用户发现自己想吃什么而家里没有的时候，从出门去买到回到家里，一般会超过半小时。

这时，盒马鲜生告诉用户："你不用出门，我来帮你搞定，不仅半小时送到家，还免外送费。"这对用户来说太方便了。于是，盒马鲜生利用用户"想偷懒"的心理免费为用户配送食物。大家很快就会习惯盒马鲜生提供的服务，慢慢地就离不开它了，进一步催生了"盒区房"的概念。

每一组竞争对手都有属于他们的产品定价区间，如果选对竞争对手而进行相应的市场定位，那么你就可以选择一个与现价完全不同的定价区间，进而提高你的毛利润。

盒马鲜生的想法是什么呢？如果某个家庭购买的食物有一半可以不用存放在冰箱里，直接从盒马鲜生买，那么盒马鲜生每年从该家庭获得的收入可以是 2.5 万元。假设盒马鲜生能覆盖 1000 万个家庭，那么它一年的销售额就会超过 2500 亿元。这对盒马鲜生来说是一个巨大的市场机会。

确定好人们的购买动因后，你就可以进一步完成价值比较表（见表 7-10），在产品的主要收益或价值中选择一种，尽可能多地写出能为用户提供同一种收益或价值的竞品，并填写竞品的一般价格，从中选择一种，确定你的产品定位。以星巴克咖啡为例，消费者获得的主要收益或价值是提神和提升自我形象。

表 7-10　价值比较表

单位：元

产品的主要收益或价值（参考收益矩阵中的任何一列）	竞　品	价 值 单 位	单 位 价 格
提神	酒吧的啤酒	饮用所花时间	15 ～ 50
	苏打水	饮用所花时间	3
	家用自来水	饮用所花时间	0
	速溶咖啡	饮用所花时间	1.5
提升自我形象	舞蹈课程	每课程	300
	瑞幸咖啡	饮用所花时间	19.2
	读书	每本	30

一旦你为自己的产品找到了一系列能够提供相同收益的服务或产品，就能够看出其中哪些产品具有最高的单位价格。

想一想，什么样的定位才能使自己的产品与已有的产品抗衡？这样你就很有可能为自己的产品争取到最高价格，从而获取最高的利润。同时，需要考虑价格参照物的销量，如果你设计的新车型参照的是法拉利，而不是五菱宏光，那么你就有可能为每辆车制定较高的价格，但不会售出那么多汽车。

当你比较不同竞品的价格后，你会对消费者愿意在正在消费的产品上花多少钱有一个概念。希望他们买你的产品，会让你明确产品定价应该在什么范围。

总之，财务人员通常更喜欢基于成本的定价，销售人员更喜欢基于市场的定价，营销人员更喜欢基于价值的定价。

你需要分别从这 3 个角度来定价格，可以首先从计算产品的销售成本开始，得出基于成本的定价。然后，进行基于市场的定价分析，以查看其与基于成本的定价相交的地方。理想的情况下，基于市场的定价应为你的 COGS 的 3 ～ 4 倍。

为了进行比较，你可以先假设其制造量约为 10 000 件，这是一个足够大的数量，可以使你获得更好的批量定价，这是一个切合实际的早期目标。然后，进行基于价值的定价分析，查看你的产品为用户提供的价值是否高于产品成本或竞品为用户提供的价值。

最后，你可能将基于成本的定价作为产品的最低价格，而将基于价值的定价作为产品的最高价格。根据竞争情况来看，你的销售价格会在这两个限制之间。尽管产品定价专家会告诉你基于价值的定价是必经之路，但是除非你的产品具有真正的革命性，否则竞争将决定基于市场的定价和基于成本的定价更重要。

在这 3 种定价方式中，基于成本的定价和基于价值的定价将是最难准确估计的。计算基于价值的定价具有挑战性，因为要确定产品将向客户提供多少价值并不容易。

估算产品的 COGS 需要进行大量的工作，并且需要进行大量的工程工作。执行基于成本的定价分析是你可以进行的最重要的第一步。除非你知道制造成本，否则任何定价分析的用途都将是有限的。在不知道制造成本的情况下，你无法估算产品利润。如果你不知道可以赚取多少利润，那么任何产品定价策略都会受到限制。

硬件公司都想给产品定一个合理的价格，但是如果你不能在每份卖出的产品里赚取足够的利润，那么你的产品很快就会被市场淘汰。初创硬件公司确实要花一段时间才能打通整个产品流程，向市场提供高质量的产品。

以笔者的实际经历为例，公司耗费了 3 年多的时间才完全打通整个产品流程，包括固件、硬件、结构、生产、供应链体系等。你不能缩短这条学习曲线，而一直减少利润对企业来说也不是最好的选择。

第七节　验证、认证与生产

一、工程验证测试

工程验证测试（Engineering Validation Test，EVT）是核心产品工程的最终测试，EVT 的目标是证明你的产品设计符合产品功能、性能和可靠性要求，EVT 期间解决的主要问题是“我的产品是否满足规范的功能要求”。

首次进行 EVT 的常用参数如下。

（1）通常为 20 ～ 50 个单位。

（2）合同制造商第一次组装单元，在这个阶段可能暴露很多问题。

（3）建立在尚未完成的工具上（通常称为“第一枪”），因此通常会出现闪烁、着色不正确、无纹理甚至零件配合的严重问题。

（4）基本功能测试及通过各种压力测试，确保没有隐藏的问题，包括 EMI 测试等。

EVT 单元是使用 EP 阶段中规定的生产组装程序构建的，包括建立产品的子装配体，并将它们结合在一起。

一旦子组件完成并结合在一起，你将会看到第一批 EVT 生产单元首次通电。另外，需要对这些 EVT 单元进行一系列的功能测试，比如基本的功耗测试，同时需要确保 EVT 单元不会过热，可以承受 EMI 及静电累积。

如果发现了主要的设计缺陷，那么进行另一个 EVT 构建。否则，将继续进行验证设计。

二、设计验证测试

设计验证测试（Design Validation Test，DVT）是首次将生产过程作为重点的测试。DVT 是最复杂的阶段之一，目的是确保产品符合任何必要的法规和环境规格。

DVT 的常用参数如下。

（1）通常为 50 ～ 200 个单位。

（2）制作可售单元之前的最终验证测试。

（3）优化产量（下线的产品所占的百分比）和时间（每天制造的产品数量）。

（4）DVT 设备将经过非常严格的测试，包括跌落、高低温和防水测试。

由于要构建的单元太多，因此 DVT 将重点放在使单元保持一致运行的工具和技术上。如果尚未形成生产构建环境，那么就需要形成生产环境了。需要注意的是，DVT 的步骤与 EVT 相同，但数量要多得多。接下来对 DVT 单元进行大量测试（DVT 单元通常用于法规测试）。

如果你的产品具有装饰性功能，如模内装饰、移印、塑料色或丝网印刷，那么 DVT 单元通常是使用生产装饰性工艺制造的第一个单元。

验证产品的耐用性是否足以承受日常使用是 DVT 的主要目标之一，这通常是获得电气认证的阶段，包括 SRRC、FCC、CE、RoHS 等认证。

由于获得必要的电气认证需要成本和时间，因此该过程通常会持续到 DVT 阶段。这是为了确保在 DVT 开始后不需要进行其他的设计更改。当然，如果在 DVT 过程中发现任何问题，那么就需要进行设计修改。

三、认证

电子产品在投放市场之前，必须经过各种监管认证，并且其中任何一种都会花费你的时间、金钱，甚至你可能需要重新设计电子产品来获得认证。因此请确保在产品设计之初就充分考虑认证的问题。

一般认证都需要比较长的时间，可能需要 3 ～ 8 周，所以越早进行越好。以 SRRC 为例，如果第一次认证没有通过，那么你就需要跟工作人员约好下一次的测试时间，这样反复认证几次，几周的时间就过去了。

产品设计之初需要确定所需要进行的认证（FCC、CE、3C、SRRC 等），并与认证实验室联系以获取报价，包括认证所需的成本和时间，并确定需要进行测试的任何其他支持（如产品原型、测试装置等）。

不同的国家、地区之间的认证要求可能有很大的差异，刚开始时最好将产品限制在一个或两个主要市场，最大限度地减少花费在认证上的时间和金钱，这尤其适用于具有无线连接功能的产品。先将重点放在进入市场上，当你的想法通过验证并且人们愿意购买你的产品时，再将产品扩展到新市场。

可以通过以下步骤使认证过程变得简单。

（1）认证是相当复杂的并且会因行业而异，专业知识很重要，最好积极请教了解检测流程和标准的人，他们可以为你提供解决认证问题的最好建议。

（2）考虑电子元件或功能，如对于无线功能，可以使用被认证过的现成模块。

（3）如果产品是用电池供电的，不需要 AC 插座，则不需要进行 UL 认证，你可以使用现成的电池或认证过的 USB 充电模块。

（4）另一种获得认证的方式是与你的制造商谈判，他们通常拥有内部的专业知识及必要的测试设备。

（5）一些微控制器制造商会提供免费的测试设备，充分利用它们可以节省很多认证资金。

四、生产验证测试

生产验证测试（Production Validation and Testing，PVT）是指第一次正式生产运行时，你将建立一条优先生产线，优化生产过程。PVT 的重点是通过优化生产线，而不是通过进一步的产品设计更改（除非发现了严重的设计问题）来降低废品率、减少组装时间和降低质量控制过程的复杂度，其验证流程如图 7-1 所示。

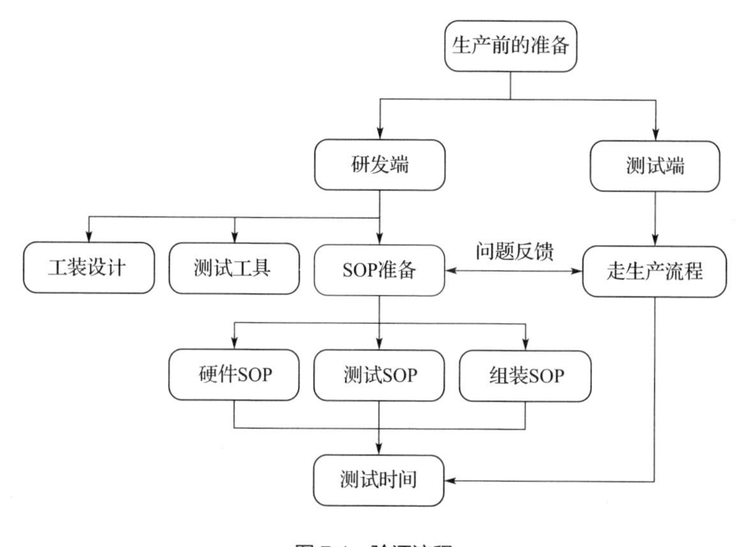

图 7-1　验证流程

PVT 阶段仅专注于生产，除非出现严重问题，否则绝不会改变产品，PVT 运行的常见过程如下。

（1）通常超过 500 个单位或首次运行数量的 5% ～ 10%。

（2）如果一切顺利，这些单元可以出售。

（3）无须更改工具。

（4）仔细分析指标以预测批量生产：产量、数量、时间、返工时间等。

（5）全套生产线的设置和培训程序。

（6）最终的质量检查或质量控制流程。

夹具和固定装置对于确保可靠的组装而言至关重要，根据合同制造商的能力，有时你需要设计和制造自己的夹具和固定装置。PVT 版本是调整工具和流程的最后机会，该阶段必须开发和测试质量保证（QA）和质量控制（QC）程序。设备通过 QC 检查后，需要与配件进行匹配，将它们放在包装中准备发货，并观察客户使用第一批设备。

五、批量生产

批量生产（Mass Production，MP）是指第一次全面生产，通常可以满足大多数的供货商的最小订购量（Minimum Order Quantity，MOQ）。

第一次 MP 的常用参数如下。

（1）单位：对于消费类产品来说，数量通常为 1000 套。

（2）分析某些单元的故障和不良率，不良率常见为 1% 以内。

（3）开始考虑优化供应链以进行后续的生产。

（4）预测销量或需求量。

在营销和分销阶段，你需要时刻关注产品的使用情况，记录和分析产品出现的故障，在这个过程中，往往会发现一些需要改进或解决的问题。

在第二次 MP 中，通常会进行一些更改，具体包括以下 4 个方面。

（1）降低成本。

（2）提高产量或质量。

（3）现场故障分析：确保所有发生故障的单元都可以返给工程团队进行故障诊断。

（4）必要时设置第二条生产线。

第八章 产品生产制造

产品的设计、开发与创造力有关，而产品的生产制造与流程、精准管理、重复性密切相关。一方面设计师和开发者会不断地寻求改变，另一方面工厂会竭力保持一切不变。

一款产品从工厂到用户手中会经历许多个生产环节，涉及大量的焊接及各种测试工作等。工序偏差会毁掉产品，造成重大损失，如出现产量低下、直通率低、不良率高等问题。如果要求工厂做出快速响应，则与要求设计师和开发者按清单办事一样困难，可能导致他们出现意见分歧，甚至有可能发生冲突。例如，对于设计师和开发者来说，修改一个电容只是一件小事，但是对于工厂来说，这个小小的改动意味着以下 4 个方面的变动。

（1）可能需要对一些机器重新进行编程。

（2）对新程序进行测试，检查是否正确。

（3）产品测试程序要相应地改变。

（4）库房要订购新电容，旧电容要被废弃或出售等。

此外，设计师和开发者一般不了解工厂的运作方式，也不会过多考虑生产过程中出现的困难。他们设计的产品不会在办公室或实验室进行组装，当产品的产量飞涨时，他们会希望生产负责人能想办法快速、可靠地完成生产工作，这也是公司一般会要求设计师和开发者深入生产一线的原因。

第一节　制造基础和供应链

产品生产制造过程需要多个部门、多家工厂的协调配合，涉及的知识面比较广泛。在产品开发的过程中，有一种你需要竭力避免的情况，就是来源于制造商的反馈："这东西我们做不出来。"

这样的问题一旦发生，你就必须重新设计和开发产品，而这样会使你付出巨大的代价。虽然生产制造是产品开发周期的最后阶段，但是在产品开发中，不了解生产制造过程通常会引发以下问题。

（1）成本：产品无法生产或生产成本大幅增加，需要投入更多的时间和精力。

（2）可靠性：削弱产品的可靠性，如电路板上的缝隙会"藏污纳垢"等。

（3）可获得性：产品推出后不久就需要重新设计，因为有些零件很难获得或根本无法获得。

（4）交期：物料零件交货周期长，会导致产品延期发布。

这些问题在很大程度上可以通过进行 DFM 和 DFA 来避免。成功的 DFM 和 DFA 要求产品设计师和开发者了解产品制造过程，在产品开发期间，他们需要同制造厂家一起工作，确保产品在生产时不会出现问题。

一、生产制造概述

产品的生产制造过程有一系列步骤，对生产制造的了解是指对这些步骤的理解。电子产品的生产制造流程如图 8-1 所示。

产品生产制造通常是成批进行的，比如一批产品的数量为 100 个单位，这 100 个单位先通过步骤一，再通过步骤二，依此类推。

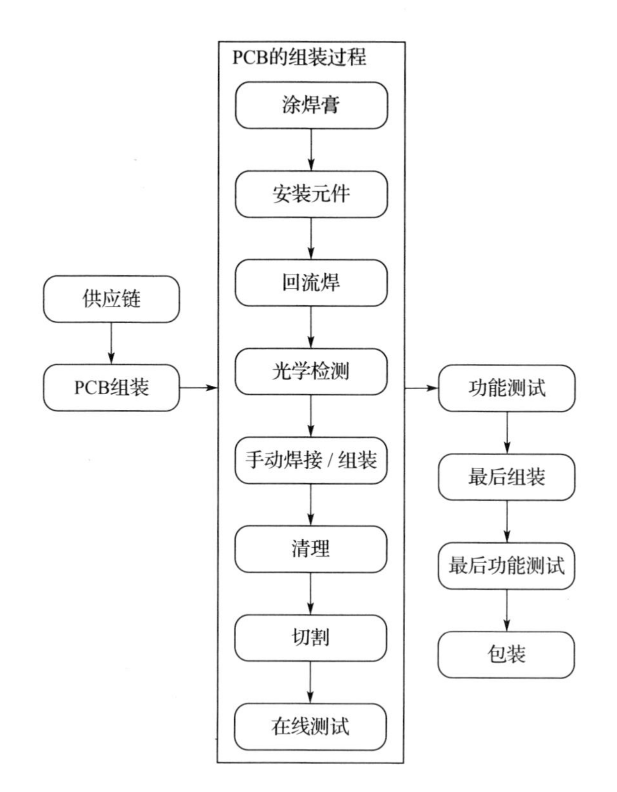

图 8-1　电子产品的生产制造流程

二、供应链

在生产制造过程中，最困难的环节通常不是生产组件，而是把生产需要的所有的元件按期备齐，这样生产制造才能进行下去。你可能会把供应链看得很简单，以为采购人员只要找到价格合适的元件，下订单即可。

在实际操作中则很复杂，一款产品一般由几百甚至几千个元件组成，这些元件必须按期备齐，以便制造产品。哪怕缺失一个小小的阻容，生产制造也无法正常进行。不仅所有的生产所需元件需要按时到位，还要保证这些元件尽可能价格低廉。

在这个过程中，供应链上的工作人员面临着多个挑战。

（1）元件来自多家供应商，经常有几十个供应商为一款产品供应元件的情形。

（2）通常情况下，购买元件的支出占产品总成本的很大一部分，采购者需要同供应商协商争取一个合理的价格，否则就会产生不必要的成本支出。

（3）某个元件的供应商突然中断供货。例如，经销商把所有的存货卖给一个大客户，或者因自然灾害导致工厂停工等，这时必须尽快找到其他的供应商，以免影响公司的正常生产。

（4）所用的元件可能被淘汰，供应链的工作人员需要负责找到合格的可替代元件，一般需要工程师重新设计或调整方案。

（5）元件的交货期不一样。常见的元件可能第二天就可以到货，甚至当天就可以到货，但是有些元件，比如定制的 LCD 可能要等几个月才能到货，如果你发现到货的 LCD 有缺陷，那么可能需要再等几个月才能拿到合格的元件。

（6）确保元件是正品。市场上会有一些品质低劣的元件，如果产品包含劣质元件，就会引发安全性和可靠性问题，可能导致产品被召回，甚至可能给公司造成毁灭性的打击。

针对上述问题，你可能已经想到了一种简单的解决办法，就是在项目开始时就订好生产制造需要用到的所有元件，并把它们存放在库房中。这样在进行产品生产制造时可以直接从库房取用已经备好的元件，就不会出现元件供应中断的问题了，因为所有的元件都可以随时从库房中取用。

但是，站在财务和管理的角度来说，库存一般是需要花钱买的，而且在生产出成品之前，这些元件无法为公司直接带来任何收益。最理想的情况是，元件在到达的当天就投入使用，它们存入库房的时间最好仅为几个小时。

正常情况下，你可以存放可供几天生产使用的元件，以使元件的供应不中断。对于那些比较少见的元件，可积累较大量的库存，因为它们供应链断裂产生的风险相对较高。你还需要与制造商和分销商进行谈判：一方面要确保所需的元件能够正常供应，另一方面要尽可能地减少购买支出。

由于电子产品涉及大量的物料，因此对物料的有效管理至关重要。物料需要进行统一的编码管理，编码原则如下。

（1）坚持一种物料对应一个编码。

（2）编码有章可循，不重复，便于实施管理。

（3）编码应留有足够的可扩充空间。

（4）编码应具有最大限度的直观性，以便于查找、识别。

（5）当要修改编码规则时，应不影响以往的编码体系，避免同一物料进行重复编码。

笔者将具体的编码方案作为本书的配套资料更新在公众号上，有兴趣的读者可以下载参阅。在解决了元件供应问题之后，你就有了生产制造所需的所有的元件，接下来就要开始生产产品了。

三、选择制造工厂

在没有生意、没有公司、没有品牌的情况下，你可能会花费大量的资金和时间做下列事情。

（1）你想了一个商业创意，因此开始工作。

（2）你花了 4 小时思考一个引人入胜的公司名称。

（3）你花了 2 小时想出了公司标语。

（4）你花了 2000 元制作了 3 个徽标，花了 3 小时要求你的朋友选择他们最喜欢的徽标。

（5）你花了 2 小时弄清楚了为什么没有一个朋友喜欢与你选择相同的徽标。

（6）你花了 3000 元让一位朋友为你建立了一个网站。

（7）你花了 4 小时来模拟它。

（8）你花了 3 小时询问你的朋友是否喜欢。

（9）你花了 5000 元请朋友在你的行业中创建原型。

（10）你向 200 位亲密的朋友展示了该产品，他们都礼貌地告诉你这是一款了不起的产品。

（11）你花了 4 小时来设置自己的社交媒体页面，邀请所有的朋友关注你。

（12）你花了 4 小时设计出一张漂亮的名片，花了 100 元制作了一张漂亮的名片。

但是你忘了一件事，你尚未找到能够生产制造产品并且给出合理价格的制造工厂。在完全弄清楚制造方面的问题之前，不要花时间选择徽标或告诉所有的朋友有关公司的信息了。

那么如何选择制造工厂呢？

（1）找到正确的展会：在贸易展览会寻找制造工厂是一个很有效的方法。

（2）阿里巴巴仍然是你在世界各地寻找制造工厂的最佳资源。花几个小时在阿里巴巴上搜索、浏览和联系制造工厂，从它们那里订购样品测试其质量，阅读评论确保它们是诚实的商业伙伴。

当你联系制造工厂或与制造工厂交谈时，请做好准备，努力学习一些行业术语或有关产品的重要细节。询问最低要求、物流时间、制造技术，以及其他的你能想到的任何事情。你的问题越全面，制造工厂越相信你。如果你要参加贸易展览，那么请携带产品原型。

第二节　外壳制造工艺

设计外壳是新电子产品开发中最关键的步骤之一。从技术层面来说，外壳是一个主要组件，它将决定你的产品对各种外部因素的抵抗力。从商业层面来说，外壳就像一本书的封面，将是你的潜在客户首先看到的外观。

影响外壳设计的重要因素包括以下几个方面。

（1）你的产品有哪些功能？比如按钮、LED、电机等，特定的技术将更容易适配这些类型的功能设计。

（2）你的产品将受到哪些外部限制？比如热量、冲击和化学物质等。

（3）IP 等级：防护等级决定了你的产品的气密性和水密性，它被指定为“IPXY”，其中 X 是一个介于 0 和 6 之间的数字，用于描述产品的气密性，而 Y 是介于 0 和 8 之间的水密性参数。

（4）你的目标是什么？更高的产量意味着你可以在设计和准备成本上花费更多的资金，但是会获得更低的单位成本。

（5）外观有多重要？用户是否可以看到你的产品的外壳，如果可以，它应该是什么样子的？不同的制造技术的美学质量可能有很大的差异，这些因素将决定你选择技术的标准。

准备成本与单位成本、外观与灵活性，以及是否需要聘请专业设计师来制作外壳是你需要考虑的内容。

下面是一些常见的外壳制造工艺。

一、公模外壳

并非总是需要自己来设计外壳，在某些情况下，现成的解决方案可以直接从零售商或原厂购买。公模外壳以各种形状和大小存在并具有各种特性，如 IP 等级和材料透明度。

应用：公模外壳最适合用于早期原型。例如，你可以轻松地找到适合 Arduino 或树莓派的完美形状，它们适用于尺寸和外观不重要的产品。

优点：获取容易，节省设计及开模时间。

缺点：尺寸的选择是有限的，在外观或尺寸方面很少能够完全满足产品的要求。

二、3D 打印

3D 打印属于快速成型技术的一种，又称增材制造，它是一种以数字模型文件为基础，利用粉末状金属或塑料等材料，通过逐层打印的方式来构造物体的技术。在打印前，需要先通过计算机进行软件建模（比如工程师可以输出后缀为 STP 的文件），再将建成的三维模型分区成逐层的截面，从而指导打印机逐层打印。

三、高压注塑成型

高压注塑成型是迄今为止大规模生产最经典的解决方案，它包括在高压下将熔融塑料注入金属模具中。它具有无与伦比的生产速度，以及各种可能的视觉和机械质量。最常见的高压注塑成型材料是 ABS 和 PC 混合物。根据所需的机械性能、视觉性能、热性能和其他性能，你可以按需选择种类。

应用：对于大批量生产，尤其是生产数量超过 1000 个单位的产品，高压注塑成型在经济方面更有利。

优点：单位成本可以非常低、属性好、适应性强。

缺点：对于小批量的产品生产而言没有优势，模具加工制造的价格比较高，高压注塑成型的设计很复杂，约束较多。

四、塑料表面的处理工艺

表面处理是在基体材料表面上人工形成一层与基体的机械、物理和化学性能不同的表层的工艺方法。表面处理的目的是满足产品的耐蚀性、耐磨性、装饰或其他特种功能要求，也称二次加工。

（一）表面机械加工

优点：使表面平滑、光亮、美观。

1. 磨砂

磨砂塑料一般是塑料薄膜或片材，其在压延成型的时候，本身辊子上是有各种纹路的，通过纹路的不同来反映材料的透明度。

2. 抛光

抛光是指利用机械、化学或电化学的作用使工件表面的粗糙度降低，以获得光亮、平整的表面的加工方法。

（二）表面镀覆处理

优点：装饰、美化、抗老化、耐腐蚀。

1. 涂饰（喷涂）

塑料喷涂是指在塑料表面喷上油漆等，保证塑料的美观及物理性质等。

效果：着色、获得不同的肌理、防止塑料老化、耐腐蚀。

塑料喷涂工艺流程：退火→除油→消除静电及除尘→喷涂→烘干。

喷粉：先在存在静电场的条件下将塑料粉喷到工件的表面，再高温固化成保护层。

喷涂：以加热的方式将合金粉末喷到工件的表面，形成耐磨层或补上磨损的部分。

喷漆：用压缩空气将漆料均匀地喷到工件的表面。喷漆就是喷油，分为普通喷漆、UV 漆、PU 漆、橡胶漆（手感漆）。因为 UV 漆比 PU 漆更环保，所以 PU 漆逐渐被 UV 漆替代。

2. 印刷

塑胶件印刷是指将所需的图案印制在塑胶件的表面的一种工艺，可分为丝网印刷、曲面印刷（移印）、烫印、渗透印刷（转印）、蚀刻印刷。

（三）表面装饰处理

优点：使产品的表面耐磨、抗老化、有金属光泽、美观。

1. 模内装饰

模内装饰（In-Mold Decoration，IMD）技术，又称免涂装技术，它融印刷、成型、制模、注塑工艺技术为一体。

工件的表面为硬化透明薄膜，中间为印刷图案层，背面为注塑层，可使产品耐摩擦，防止表面被刮，可长期保持表面颜色鲜明，不易褪色。

IMD 技术主要用于手机及一些电器的面板、保护显示屏的透明镜片、汽车仪器仪表的表盘、洗衣机面板整饰等，并已发展到大型机壳装饰，如汽车的外壳装潢等方面。

产品采用 IMD 技术，不仅装饰效果美观，而且与其他的制造方法相比，使用寿命长且防尘、防潮性能好。

2. 电镀

电镀为金属电沉积技术之一，是一种用电化学方法在工件的表面形成金属沉积层的金属覆层工艺。其可以改变固体材料的外观，改变工件表面的特性，使材料耐腐蚀、耐磨，具有装饰性和电、磁、光学性能。

3. 咬花

咬花是对模具的加工技术，通过使用化学药品（如浓硫酸等）对塑料成型模具的内部进行腐蚀，形成蛇纹、蚀纹、犁地纹等形式的纹路。塑料通过模具成型后，表面也具有相应的纹路。

五、真空成型

真空成型是高压注塑成型的替代方法，它不是在高压下注射塑料，而是通过低压空隙将塑料吸在模具上。这对于机械方面来说更容易应用，并且对模具产生的压力更小，因此模具和产品都可以由更便宜的材料制成。在许多情况下，模具由柔软的硅胶材料制成，而生产的零件则由聚氨酯制成。

应用：真空成型介于3D打印和高压注塑成型之间，用于10～1000件产品的生产。

优点：真空成型比高压注塑成型更容易，并且需要的设备更轻。这意味着准备成本更低，更容易找到供应商。由于模具通常由硅胶等较软材料制成，因此其设计要求不如高压注塑成型严格，而且完成真空成型后零件更容易被移除。

缺点：真空成型的单件成本比高压注塑成型的单件成本高，每个模具生产的单位数量要比高压注塑成型低得多。

六、钣金成型

外壳领域不仅限于塑料，钣金成型是最常见的替代解决方案，它是指先将一块金属切割成精确的尺寸，然后将其折叠以获得最终的产品。常见的金属是铝或钢，具体取决于产品所需的机械性能。

应用：钣金成型常用于以下两种应用。

（1）大型外壳，特别是在工厂环境中。

（2）热密集型电气产品，如计算机。

优点：非常适合热密集型产品，因为外壳本身可以充当散热器。其具有耐极端温度和化学暴露的特性。对于大型外壳来说，其价格更具有竞争力。

缺点：每个零件的成本都非常高。水密性很难保证，需要非常精确的设计选择。

七、数控加工

数控加工是指从锻造或轧制金属块开始，将其切割成适当的形状的技术，材料通常选用铝，事实上几乎任何金属都可以加工。然而，其加工成本随着材料的抗剪切性增强呈几何级数上升，采用此模式的机器通常是极其昂贵的五轴铣床，有时是便宜的车床和三轴铣床。尽管数控加工在行业中非常普遍，但是并不经常用于制造像外壳这样简单的产品。

优点：数控加工生产的外壳由金属制成，在储热和散热方面具有与钣金成型相同的优点，同时在设计方面更加灵活。

缺点：适合小批量产品的生产，单位成本高。

八、激光切割

你可以先用激光或其他技术切割塑料或木材，然后组装。激光切割需要的设备相当少，也不需要进行专门的设计工作。

应用：此类设计在美学上令人愉悦，可以用于生产预先切割稍后进行组装的套件。

优点：制作简单，可以产生视觉上令人愉悦的效果，易于批量生产。

缺点：应用有限，需要进行复杂的组装，力学性能差。

第三节　PCBA 制造指南

把电子元器件焊接在印刷电路板（PCB）上就形成了印刷电路板组件（Printed Circuit Board Assembly，PCBA）。换句话说，PCBA 是指 PCB 空板经过 SMT 贴片或 DIP 生产工艺处理后，实现焊接的工艺过程，如图 8-2 所示。

PCB ＋ SMT / DIP ＝ PCBA

图 8-2　PCBA 的工艺过程

PCB 是定制元件，你需要向 PCB 厂订购，PCB 厂会根据研发人员提供的文件进行生产。把电子元件组装焊接在这些 PCB 空板上的过程称为 PCBA 组装。

PCBA 组装有以下几个目标。

（1）所有电子元件的位置正确、方向正确。

（2）每个电子元件的针脚被完全焊接到指定的焊盘上。

（3）不存在容易引起问题的多余的焊锡。

（4）不存在其他的多余物，如在制造过程中使用的溶剂或助焊剂，这些多余物很容易引发问题，可能让不该导通的地方导通或产生腐蚀等。

PCBA 组装几乎是完全自动化的，将 PCB 空板和电子元件送进组装线的一端，从另一端将组装好的 PCB 输出，整个过程几乎不需要人工干预。PCBA 组装应用的 SMT 贴片生产流程如图 8-3 所示。

图 8-3 SMT 贴片生产流程

一、涂焊膏

焊锡是一种金属合金，用于电气和机械领域，将金属部件焊接在一起。焊锡可以把电子元件针脚和 PCB 金属焊盘牢牢地焊接在一起，同时保证电子元件具有良好的导电性。

焊膏是超细焊锡粉和液态助焊剂混合而成的黏稠物，助焊剂用来清理金属表面的腐蚀物和污物，以便形成良好的焊点。

PCBA 组装的第一步是在 PCB 的正确位置上涂上适量的焊膏，这道工序要用到焊锡模板（又称“钢网”），而焊锡模板需要根据设计的 PCB 进行定制。焊锡模板是薄薄的金属片，上面有许多孔，焊膏通过这些孔涂到焊锡模板上。

焊锡模板精准地贴合到 PCB 上，刮刀先均匀地将焊膏涂到焊锡模板上，然后移走焊锡模板并进行清理，这样就在 PCB 的正确位置上涂上了适量的焊膏。至此，焊膏已经涂好，接下来需要在 PCB 上安装电子元件。

二、安装电子元件

接下来是把每个电子元件安装在 PCB 合适的位置上，这项工作通常由贴片机完成。待安装的电子元件通常由带盘提供，载带的每个凸起的小容器里都有一个电子元件，每个小容器都用盖带密封着，等到贴装电子元件时盖带才会被除去。

贴片机不仅需要正确的电子元件，还需要清楚各个电子元件贴装的位置。

这通常要借助 CAD 数据和 BOM 实现，后者是由 PCB 设计软件自动生成的。

管状包装和托盘包装通常没有带盘那样顺滑，具体取决于特定的贴装方式。若选用管状包装或托盘包装，则最好提前与负责生产产品的工作人员一起研究是否合适。

在贴装电子元件时，贴片机会先确定 PCB 的位置，然后使用小吸盘拾取电子元件，把电子元件安放到 PCB 指定的位置后，释放吸盘。电子元件下方的焊膏充当黏合剂把电子元件临时固定在原位，通过回流焊让焊膏固结。

在某些情况下，如果焊膏不能固定电子元件，贴片机可以加些黏合剂固定电子元件。贴片机速度快，动作精确，每分钟可以贴装几百个电子元件，但是这么快的速度意味着会付出一些代价。

（1）贴片机仅适用于表面贴装器件的加工，不适用于尺寸较大的穿孔式元件的加工。穿孔式元件通常是手工安放和焊接的，因此，穿孔式元件工艺比自动的表面贴装器件工艺成本高。

（2）在贴片机工作之前，必须把所有带盘（或者塑料管、托盘）装载到贴片机中，这需要时间。不管你要组装的电路板是 1 个还是 1000 个，安装的时间都一样，所以进行几次大批量的组装要胜过进行多次小批量的组装。

（3）贴片机可以安装的带盘数量是有限的，从 20 个到 100 多个不等，具体数量取决于贴片机的型号。如果你需要的元件种类超过了贴片机支持的最大带盘数，那么你必须让 PCB 多次通过贴片机，以安装所有的电子元件。为了解决这个问题，最好的办法是多在产品设计与开发中使用相同的电子元件，以此减少所需要的电子元件种类。例如，你可以试着对几个电阻的阻值进行标准化工作，通过这些电阻的并联或串联得到你需要的各种阻值。

（4）你有时只能以带盘为单位购买电子元件，但是可能只需要用到其中的一小部分，即使这样你也要购买一整盘电子元件。一般来说，一个带盘装载的电子元件数量从几百个到几千个不等。一整盘电阻可能有 5000 个，但是由于电阻很便宜，每个电阻只需要几分钱，因此其成本并不高。但是对于一个装载有 500 个 GPS 芯片的带盘来说，每个 GPS 芯片按 45 元计算，那么购买整个带盘最少要花费 22 500 元。即使你只用其中的 100 个 GPS 芯片，也必须花最少 22 500 元购买整个带盘。

这样算下来，平均每个 GPS 芯片的成本就是 225 元了。针对上述问题，元件经销商提供了一种变通方法，他们可以根据需要的电子元件数从带盘上切一部分出售，或者专门制作一个小带盘。对于管状包装或托盘包装的芯片，其购买数量是可以指定的，但是并非所有的贴片机都满足这样的条件。

三、回流焊

回流焊的作用是把焊膏固化成焊点，从而把电子元件焊接在 PCB 上。回流焊包含对 PCB 进行加热及以下两个步骤。

（1）使助焊剂起效，做好清理工作并蒸发。

（2）先熔化底层焊膏，然后冷却，使之凝固成块，把电子元件引脚焊接到焊盘上。

这个过程不是简单地把 PCB 加热到特定的温度再冷却，实际操作起来要复杂得多，加热与冷却的过程中要做到以下 3 点。

（1）电子元件加热和冷却不可过快，温度冲击会导致失败。

（2）高温时，助焊剂有足够的时间进行清理并蒸发。

（3）热量有充足的时间渗透到整个 PCB 的表面，让整个 PCB 达到指定的温度。如果热量未能充分渗透到整个 PCB，那么 PCB 上的某些电子元件可能无法获得足够热量以形成良好的焊点。

回流焊温度变化折线如图 8-4 所示。

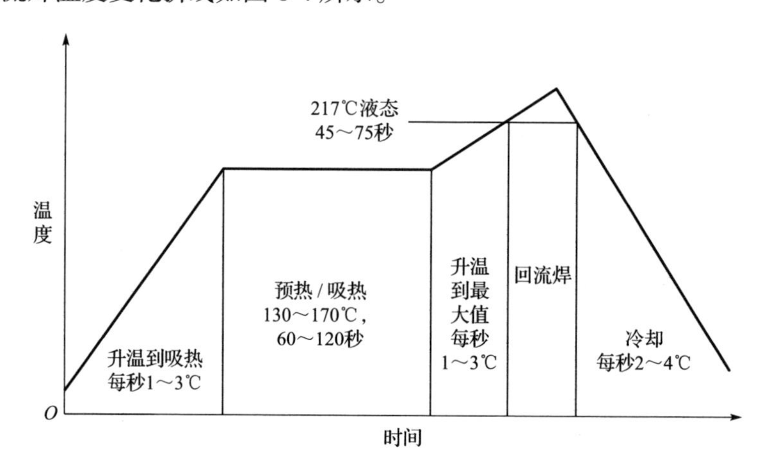

图 8-4 回流焊温度变化折线

回流焊用的是回流焊炉，回流焊炉是可编程的，它会根据所使用的焊膏类型和其他因素形成相应的温度变化折线。除了可编程，回流焊炉还必须确保对每个 PCB 进行均匀加热。一般采用高温气体（空气或氮气）的加热方法，也可以使用其他加热方法。

在实际的生产环境中，回流焊炉尺寸比较多样化，主要取决于其产量。用于小批量生产所用的回流焊炉很小，尺寸如一台微波炉；用于大批量生产的大型回流焊炉拥有持续的生产能力。

如图 8-5 所示为一种大型流水式回流焊炉，顶盖处于打开状态。

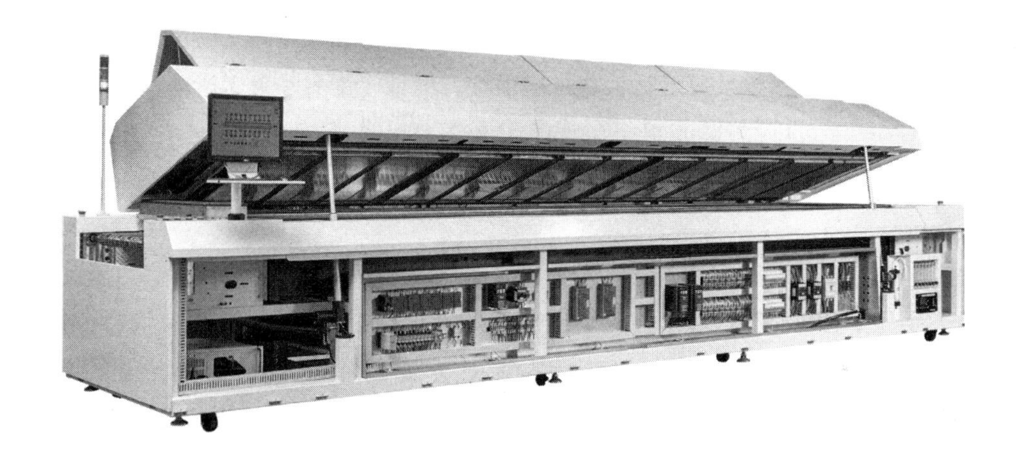

图 8-5　大型流水式回流焊炉

大型商用回流焊炉能够连续不断地对 PCB 进行回流焊接，并通过传送带将 PCB 源源不断地输送到回流焊炉中。这种回流焊炉拥有多个区域，并且这些区域可以独立地设置温度，从温度变化折线中可以看出这一点。在回流焊炉的顶盖之下，可以看到其风扇后端向外凸出，这些风扇会吹动空气，使相应的区域中的温度保持均匀。

当 PCB 从回流焊炉中输出后，PCB 上就会出现成百上千个新的焊点。这些焊点都是良好的吗？所有的电子元件都准确地焊接到指定位置上了吗？你最好检查一下，这就是接下来要做的事情。

四、光学检测

当所有的电子元件都焊接完成后，PCB 就被放到自动光学检测机（Automated Optical Inspection，AOI）中了，以检查 PCB 上各个电子元件焊接得是否合适，以及焊接的位置是否正确。经过这道工序后，所有位置或方向不对的电子元件都会被检查出来，可以进行手工修正或直接将其报废。

在有些情况下，一些不太负责的 AOI 操作员在遇到问题时不会与相关人员沟通，他们觉得这些问题无足轻重，但是这些问题实际上可能非常严重，会导致产出一大批劣质 PCB。

在产品生产制造过程中，每个细节都至关重要，生产无小事。当然，对带有不可见焊点的电子元件进行检查可能很难。最难检查的是采用球栅阵列（Ball Grid Array，BGA）封装的芯片。中型 BGA 元件的 PCB 封装拥有几百个焊球，这些焊点位于正方形板的下方，需要使用定制的 2D 和 3D X 射线系统来检查这些不可见的焊点。

五、手工焊接 / 组装

大多数情况下，某些 PCB 的组装工作只能靠手工完成，比如以下 3 种 PCB 的组装。

（1）对被 AOI 标记的回流焊存在问题的元件进行修复。

（2）开始制造 PCB 后需要修改设计，比如 PCB 的迹线可能会被切断，以及需要添加连线改变电路通路等。

（3）手工焊接那些不适合使用回流焊焊接的电子元件，比如穿孔式元件和电池等对温度敏感的电子元件。

手工焊接 / 组装要比机器焊接 / 组装成本高，因而设计师和开发者总是想方设法减少产品生产制造中需要手工焊接 / 组装的元件数量。即便如此，在 PCBA 组装中，有些手工作业还是无法避免的。例如，供终端用户使用的连接器（如 USB 连接器）常常是穿孔式元件，而非表面贴装器件，因为穿孔式元件更耐用，磨损后从 PCB 上脱落的风险更小。

至此，PCBA 便全部制造完成了，如果后面在测试中发现问题，就需要返厂修正。在接下来的两道工序（清理和拼板 / 切割）中，你需要为把 PCBA 组装成产品做准备。

六、清理

功能良好的 PCBA 必须是干净的，做完 PCBA 后，最好对其进行清理，以便移除在回流焊接过程中未被烧掉的助焊剂。残留在 PCBA 上的助焊剂可能腐蚀 PCBA，出现不必要的电路通路，而不必要的电路通路可能损害整个电路的可靠性和性能。

七、拼板 / 切割

PCB 拼板是指完成 PCB 设计后，为了减少板材浪费，把多个 PCB 放在一整块板子上进行制造和组装，以实现质量最优、生产成本最低、生产效率最高、板料利用率最高的效果。

SMT 贴片完成之后，把它们切割成一个个单独的板子。每个板子上 PCB 的数量取决于 PCB 制造商和装配商支持的尺寸、单个 PCB 的尺寸，以及一些其他的因素。

PCB 拼板主要有 3 种常用方法。

（一）V 割

V 割又称 V-CUT，是在两个板子的连接处画一个槽，这个地方比较薄，容易被掰断，在拼板时将两个板子的边缘合并在一起就可以了。另外，V 割一般都是直线，不会有圆弧等复杂的线，所以板子在拼板时可以尽量在一条直线上。

V 割一般适用于外形为矩形的 PCB，其特点是分离后边缘整齐、加工成本低。

PCB 拼板如图 8-6 所示。

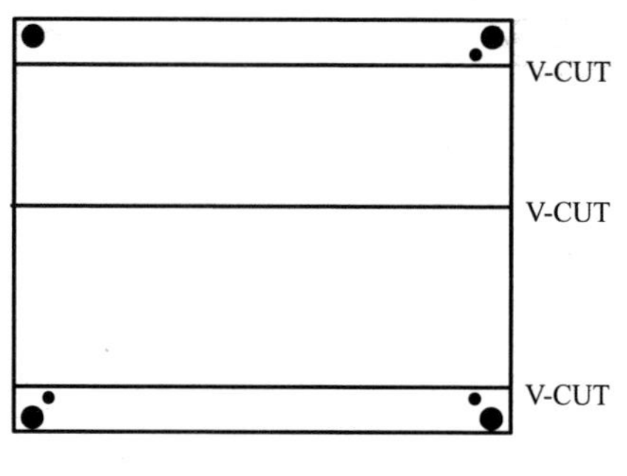

图 8-6　PCB 拼板

要注意在两个板子之间给 V 割留下间隙，一般间隙宽度为 0.4 毫米就可以，V 割可以使用 2D 线放在所有层进行表示。由于 V 割只能用直线，所以只适用于规则的 PCB 拼板。对于不规则的 PCB，比如圆形的 PCB，需要使用邮票孔方法进行拼板连接。

（二）邮票孔

邮票孔是 PCB 拼板的另一种常用方法，一般在异形板中使用较多。之所以称之为邮票孔，是因为板子被掰断后，边缘像邮票的边缘。邮票孔拼板是在两个板子的边缘通过一小块板材进行连接，而这一小块板材与两个板子的连接处有许多个过孔，这样容易被掰断。

（三）空心连接条

空心连接条的连接方式和邮票孔类似，区别在于空心连接条的连接部分更窄一些，并且两边没有过孔。它有一个缺点就是板子被掰开之后会有一个很明显的凸点，而邮票孔的凸点由于被过孔分开所以看起来不怎么明显。

为什么要使用这种方式呢？这是因为有一种情况，即做四周都是半孔模块的时候，只能通过空心连接条对模块的 4 个角进行连接，邮票孔和 V 割都无法做到。

通常情况下，在测试之前，要使用切割工具或通过手工分离方式（这种方式会让 PCB 和电子元件受到更大压力）把单独的 PCB 切割。可以采用多种方式分离 PCB，包括锯切、曲线切割、激光切割、用特制的装置打孔切割等。

拼板和切割使得分离出来的 PCB 单板的边缘各不相同。设计师和开发者需要注意，在切割工序中，进行切割或分离时，PCB 的边缘会承受一些应力和应变，附近可能出现机械变形。为了解决这个问题，你需要在 PCB 边缘和迹线、焊盘之间至少留出大约 1.3 毫米的空隙，在 PCB 边缘和电子元件之间至少留出大约 2.5 毫米的空隙。

当板子器件比较密集、板边空间有限时，就需要增加工艺边，作为 SMT 贴片过程中 PCB 的传送边，宽度一般为 3 ～ 5 毫米。一般情况下，在工艺边上的 4 个角上各添加一个定位孔，其中 3 个角添加光学定位点，从而提高机器的定位精度。

工艺边如图 8-7 所示。

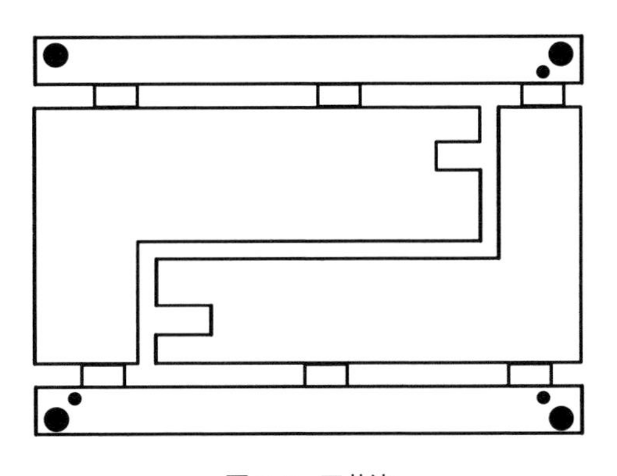

图 8-7　工艺边

八、测试

许多制造商都有固定的流程来确保要进行的设计是正确的，在 PCBA 组装过程中，最重要的两个步骤是 AOI 和电气测试。制造商将根据提供的图稿进行 AOI，电气测试将通过对 PCB 进行物理探测来测试其是否有任何错误的开路或短路。

制造商做完 SMT 贴片后，通常会通过 AOI 来检测焊点、零件方向和任何其他的缺陷。如果是存在复杂覆盖区的组件，如 BGA 封装芯片，就执行自动 X 射线检测来确认零件下方的焊点是否良好。

（一）测试什么

1. 供电

虽然每种设计都有其独特的功能，但是通常它们都有一个共同点，那就是PCB的供电方式。你需要确认自己的设计获得了正确的供电电压，如果供电电压错误，那么将导致其他的设计工作出现异常，甚至会损坏电子元件。你可以使用多用表进行初步探查，确认设计中的所有电压都可以达到期望的数值，这是确保设计其余部分正常运行的第一步。一般情况下还需要测试一下电流，消费类电子产品一般在低功耗方面要求较高。

2. 微控制器

在万物互联的时代，绝大多数的电子设备需要一个“大脑”。微控制器可以使系统按照预期的功能运行，需要优先确保其能正常工作。

3. 信号与传感器

大多数的设计包含输入、输出信号的流程。

（1）作为微控制器的输出信号。

（2）接收来自其他传感器的信号。

4. 交互功能

用户不会关心设计“幕后”发生的事情，他们更关心的是按钮是否可以正常使用、LED是否如用户手册描述的那样发挥作用。你必须彻底测试所有的面向用户的组件，包括按钮、LED、触摸屏等。

（二）测试治具

对于比较简单的设计来说，可能需要手动测试每块PCBA，而对大批量生产的产品来说，需要设计和生产自动测试治具。测试治具本身就是产品，它可能不像你生产的产品那样令人赏心悦目，但是它很可能是一项复杂的设计。

1. 制作测试治具

你可以使用3D打印的部件制作测试治具，甚至可以用胶合板制作测试治具。笔者曾用硬纸板做过包装盒压印Logo的定位治具，虽然很简单，但是很有效，会大大提高生产效率。无论测试治具是由什么制成的，最重要的是，它要具有坚固性和可重复性。当然，对于批量化生产来说，通常需要找专业的测试治具工厂。

2. 自动化

除了考虑与板上测试点接口的连接，还需要考虑其他方面，以使自动测试能力尽可能地强大。如果你的设计具有按钮和 LED，那么有两种方法可以确认它们是否正常工作。

一种方法是让操作员手动按下按钮并在 LED 上看到提示。按照你的测试计划，他们会知道何时按下按钮，以及评估测试是否通过。

另一种方法是使该过程完全自动化。在测试治具中，可以使用电控机械组件按下按钮以确保这些按钮可以正常工作，使用颜色传感器来确保 LED 是正确的颜色。这就提高了设计的复杂性，但是从长远来看，由于测试是快速且可重复的，因此可以大大节约人工成本。

3. 测试界面

测试治具一般需要通过计算机操作来运行，计算机根据编写的程序进行必要的测试，告知操作员 PCBA 是否通过测试。对于操作员来说，测试治具应该尽可能地简单。操作员按下按钮，测试治具进行所有的测试，测试结束时获得通过测试或失败的指示。你可以使用大图标识的绿色、红色或蓝色的组合来显示测试状态。

4. 做好测试治具备份

如果你的产品正在被批量生产，那么测试治具损坏将导致整个生产过程停滞，你将不得不准备另一台测试治具并将其运送到制造工厂。因此，做好测试治具备份可以提高生产速度和效率，最重要的是可以降低风险。

第四节　生产线测试方案

硬件产品的生产工艺流程比较复杂，尤其是 PCBA 组装很容易出现问题。因此需要进行充分的测试，确保 PCBA 组装过程顺利进行。

笔者曾组织了两场不同品类的整机产品的生产，虽然从 PCBA 功能到整机装配都进行了完整的测试，但是在产品交付到客户手中后，仍然遇到了一些因产品质量导致的售后问题。

笔者做了生产总结，主要原因如下。

（1）PCBA 制造工厂为了节约成本将设计文件二次外发到江西小厂，出厂时未做 AOI 及人工检测。

（2）整机装配后未进行老化测试，导致隐藏的问题未被及时检出。

（3）测试工装设计不完善，组装测试过分地依赖人工，存在漏检问题。

工厂测试和研发测试有很大的区别，研发测试用来检查设计是否正确，因而也被称为设计确认测试。在不同的情况下，工厂测试投入的精力会有很大的差异。

（1）有时候工厂测试很简单，只需要技术人员在产品组装完成后开启它，检查它能否正常工作即可。

（2）有些工厂测试需要投入很多的精力，需要认真检查产品的每个细节，确保产品在出厂前一切正常。

测试中投入精力的多少取决于以下两个方面。

（1）在生产制造过程中出现问题的可能性。

（2）在产品出厂后出现问题时，所要付出的代价。

例如，一个便宜的玩具汽车偶尔出现故障可能不是一件大事，只要不存在安全问题就行，因此我们不会投入太多的精力去测试这类产品。但是对于一个刹车计算机模块而言，需要进行最严格的工厂测试。因为这个模块一旦出现问题，后果会非常严重，必须投入大量的精力进行检查，避免出现问题。

在一些大型工厂里，测试中投入的精力有时与设计、开发产品所付出的精力相当。针对 PCBA，有以下 3 种基本测试可以进行。

（1）在线测试。

（2）功能测试。

（3）老化测试。

它们与所开发的产品密切相关，接下来分别介绍这 3 种基本测试。

一、在线测试

在线测试（In-Circuit Test，ICT）是指通过分析元件的电气特征（如每个焊点的电阻）来检查PCBA组装是否正确。大规模ICT通常使用针床式测试仪，这种仪器同时把大量的探针放置到PCBA中，有些测试中使用的探针就有几千个。

在各种测试信号中注入一些探针，另外一些探针来测量响应。这些探针一般装有弹簧，安装在一个称为测试夹具的特制的板子上，这种板子通常是为特定的PCBA定制的。

每个探针通过PCBA上的导电片连接到待测电路上，这些导电片一般符合以下情况。

（1）PCBA上专门用来做测试的焊点。

（2）设计师用来把信号从一个PCBA层传到另一个PCBA层的通路，这个通路可以用作测试点。

用来做测试的焊点和通路，探针通过它们连接到PCBA上。在进行测试时，先将PCBA和测试夹具准确地连接在一起，然后启动测试软件，运行预先编制好的程序。

检查PCBA是否存在问题，该检查包括以下内容。

（1）电路。

（2）开路，如针脚从焊点脱离。

（3）元件朝向（有时AOI检测不出来这种错误）。

（4）元件值。

（5）元件缺陷。

（6）信号完整性问题，比如信号传送到PCBA上时是否过分弱化。

有经验的设计师和开发者在设计产品PCBA时，会尽量让PCBA上的每个电气触点都能被探针访问。但是出于各种限制，这个想法往往无法实现，如受到PCBA尺寸的限制。

由于在线测试可以从电气上访问每个元件的所有的或绝大多数的针脚，因此它可以为闪存等设备编制程序，进行校准、调整及执行功能测试等。

二、功能测试

功能测试（Functional Circuit Test，FCT）主要关注的是 PCBA 的高级功能。例如，在进行功能测试时，可能需要把测试固件装载到待测 PCBA 的处理器中。

让处理器在内存和周边器件上运行来诊断程序，并经过串口将测试结果输出到个人计算机上。个人计算机将根据诊断结果在屏幕上显示“通过”（绿色）或“失败”（红色）的字样，并将详细的测试结果记录到数据库中，留待工程人员做进一步分析。

功能测试的目标是检查 PCBA 上的各种元件能否作为一个整体协同工作，它可以测试那些在线测试期间因探针接触不到而未能检测到的电路。例如，当一个测试点无法访问某个芯片的引脚时，你可以对该引脚进行功能测试。测试方法是在引脚上执行一个操作，只有引脚被正确地焊接在 PCBA 上并且功能正常时，操作才能成功。

功能测试的缺点是，其往往不像在线测试那样可以彻底地检查 PCBA 的连接，因此最保险的做法是在线测试和功能测试都进行。功能测试既可以作为在线测试的一部分，又可以作为一个单独的步骤，它通过串口、USB、以太网或其他接口与 PCBA 通信。

对于大部分的产品来说，最后的功能测试要等到设备完全组装好后才会进行。大多数情况下，在产品制造过程中的某个时间点也会进行功能测试。例如，在多板系统中，每个 PCBA 可能都需要进行功能测试，保证其组装正确。

组装完成后，把系统作为一个整体进行测试，确保全部 PCBA 被正确地组装在一起。

三、老化测试

在某些情况下，在进行功能测试时 PCBA 需要运行几个小时、几天甚至更长的时间，有时是在比较极端的条件下进行的，如高温环境，这时候就需要进行老化测试。

（一）老化测试的意义和目的

随着电子技术的发展，电子产品的集成化程度越来越高、结构越来越细微、工序越来越多、制造工艺越来越复杂，这种情况下，在生产制造过程中会产生潜伏性缺陷。

对于一款性能良好的电子产品来说，不但要具备较高的性能指标，而且要有较高的稳定性，通过老化测试可以筛选出电子元件的故障。

在加工电子产品的过程中，由于经过了复杂的加工工序，同时使用了大量的元件、物料，即使你的设计再好，也可能产生各种缺陷。

无论是加工缺陷还是元件缺陷，都可分为明显缺陷和潜在缺陷两种。

（1）明显缺陷是指那些导致产品不能正常使用的缺陷，如短路、断路。

（2）潜在缺陷是指产品暂时可以使用，但是在使用过程中缺陷会很快地出现，从而导致产品不能正常使用。例如，当焊锡不足时，虽然产品可以使用，但是轻微振动仍可能使焊点发生断路。

明显缺陷可通过常规的检验手段（ICT、FT 等）发现，潜在缺陷无法使用常规的检验手段发现，而应运用老化测试的方法来剔除。

如果老化测试效果不好，那么未被剔除的潜在缺陷最终会在产品运行期间以失效（或故障）的形式表现出来，从而导致产品的返修率上升，维修成本增加。

通过使用老化测试的方法可以使元件的缺陷、焊接和装配等生产过程中存在的隐患提前暴露、提前鉴别并剔除产品工艺引起的早期故障。

老化测试还有一个重要的目的：使产品加工工艺不断改进，使产品品质不断改进，改进到不需要老化测试为止。

老化测试结合可靠性测试，并与失效分析相结合，可以对老化过程中失效的元件进行原因分析。

（1）可能是物料选择的问题。

（2）可能是设计应用不当。

（3）可能是在生产加工过程中造成的损伤，并进一步改进。

（4）经过 2 ～ 3 次循环，产品稳定下来后，就可以逐步延长老化测试的周期直至不需要老化测试为止。

（二）老化测试的定义

老化测试是指通过对电子产品施加加速环境应力，如温度应力、电应力、潮热应力、机械应力等，促使产品的潜在缺陷加速暴露，形成故障，达到发现和剔除潜在缺陷的目的，尽可能把早期故障消灭在正常使用之前。通过老化测试的产品可进入可靠性高的品质稳定期。

（三）老化测试的原理

老化测试的理论基础是电子产品的故障率曲线（又称“浴盆曲线”），如图 8-8 所示。老化测试以暴露潜在缺陷、剔除早期故障为目标，图中的 A、B、C 点均表示产品的老化测试程度不足（欠筛选），之后仍有较大概率发生故障。

理想的老化点（筛选点）为图 8-8 中的 D 点，D 点的选择主要靠经验数据。而 E 点是过分老化（过筛选），这时既增加了老化测试成本，又可能将原本好的产品破坏，进而缩短产品的使用寿命。

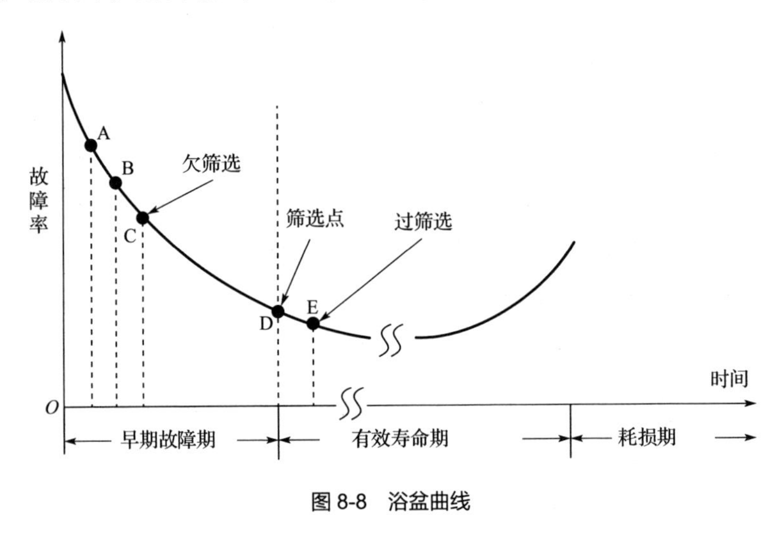

图 8-8　浴盆曲线

1. 早期故障期（早期失效期）

在开始使用元件时，它的故障率很高，但是随着元件工作时间的增加，其故障率迅速降低。

这个阶段的浴盆曲线是递减的，产品故障大多是设计、材料、制造、安装过程中的缺陷导致的。为了缩短早期故障期，需要产品在投入运行之前进行试运行，以便及早发现、修正和排除缺陷。

2. 有效寿命期

这个阶段的特点是故障率较低，而且比较稳定，浴盆曲线比较平缓。人们总是希望延长产品的有效寿命期，即在许可的费用内延长产品的使用寿命。

3. 耗损期

这个阶段的故障率随着时间的延长而急速上升，浴盆曲线是递增的。到了这个阶段，大部分的元件开始失效，说明元件的耗损变得越来越严重，产品的使用寿命即将终止。

如果能够在这个阶段到来之前维修设备、替换或维修某些耗损的元件，就能将故障率降下来并延长产品的使用寿命，推迟耗损期的到来。

（四）产品老化测试方案

1. 常温通电老化

在常温（25℃）下，产品通电并加负载进行老化测试，根据产品特点确定老化测试的时间，老化测试的时间一般为 48 ～ 72 个小时，功耗较大的产品经常采用此方案。

2. 加热通电老化

在一定的环境温度下对产品进行加热通电老化，根据产品的特点确定老化测试的时间，老化测试的时间一般为 24 ～ 36 个小时，温度通常为 40 ～ 45℃。

3. 加热通电老化（高温）

在一定的环境温度下，对产品进行加热通电老化（高温），根据产品的特点确定老化测试的时间，老化测试的时间一般为 12 个小时，温度通常为 60 ～ 65℃。此方案的应用比较广泛，其主要有以下优点。

（1）老化时间短，节约时间。

（2）老化温度较高，能充分暴露产品中的一些缺陷，包括元件的质量、焊接质量等。

（3）配合一些通电动态试验，能监测整个老化过程中的工作状态是否正常。

第五节　组装测试及包装发货

在产品生产制造的过程中，不管生产多少个产品，基本的生产任务都一样。但是根据产品年产量或总产量的不同，完成这些任务的方式可能存在很大的差异。

通常情况下，针对一般电子产品来说，产量的划分标准如下。

（1）超大批量：产品年产量多于 100 000 个。

（2）大批量：产品年产量为 10 000 ～ 100 000 个。

（3）中批量：产品年产量为 1000 ～ 10 000 个。

（4）小批量：产品年产量为 100 ～ 1000 个。

（5）原型生产：产品年产量少于 100 个。

对于一家生产手机的大型合约制造商来说，“小批量”是指年产量少于 100 000 个；对于一家小型合约制造商来说，“小批量”是指年产量少于 100 个。在与其他人谈论产品的产量时，一定要制定共同的标准，确保谈论产品时遵循一致的标准。

在安排生产之前，需要确认生产多少个产品。小批量生产建议产量控制在 200 个以内，随着产品产量的增加，需要考虑使用自动化生产技术，以提高生产效率并降低产品生产的人工成本。例如，要生产小批量的 PCBA，每一个 PCBA 都包含大量的元件，其中可能是需要特殊处理的元件，这种情况下使用自动化生产技术会更好。

一、大批量生产

大批量产品的生产过程与前述的生产过程大致相同，只是更重视自动化生产和库存控制。供应链将花费更多的精力来管理库存，管理库存会产生一笔巨大的支出。

你可能需要进一步增加产品销售公司和合约制造商的供应链工作人员，他们之间，以及他们与元件供应商之间的联系会变得更加紧密，以实现最小库存。同时，保证元件供应充足，确保产品生产不会中断。

供应链的负责人需要与设计师、开发者或产品改进工程师团队保持密切沟通。在生产流程逐渐步入正轨之后，公司有时会为了降低成本、提高质量而调整设计，或因为元件短缺而调整设计，各方之间保持密切沟通便十分重要。

为了减少失败，要努力收集和分析质量统计数据。分析结果将用来改善设计、开发和生产流程。

二、小批量生产

在小批量生产的过程中，要关注的内容恰好与大批量生产相反。小批量生产通常意味着需要进行更多的手工作业，以下策略适用于小批量生产。

（一）轻松的库存控制

与大批量生产相比，小批量生产的产品的价格相对高昂，元件成本占产品总成本的比例偏低。保持相对较多的元件库存可以降低库存不足的风险，进而避免发生交货延期现象。

（二）使用飞针测试代替针床测试

与使用针床测试相比，使用飞针测试的好处是，不需要定制昂贵的测试夹具（带有成百上千个可以精确定位的探针）。探针要接触的位置被编写到计算机中，PCBA 数据库被放入测试系统中，测试工程师先指出待测位点，然后进行测试就可以了。由于每个 PCBA 的定制细节只反映在软件上，因此当 PCBA 的设计发生改变时，只需要花很少的精力就能完成对飞针测试的更新工作。

与针床测试相比，飞针测试存在以下缺点。

（1）与针床测试相比，飞针测试可以同时检测的位点更少。

（2）在进行飞针测试时，探针不是同时接触所有的测试点的，而是在各个测试点之间移动，所以比较耗时。随着产品产量的增加，这可能成为明显的制约因素。

（三）仅仅依靠功能测试

最近的发展趋势是，不做在线测试和飞针测试，只做功能测试。

这样做有以下两个优点。

（1）不需要昂贵的电路测试设备，这对于那些想自行生产产品的公司来说是非常有吸引力的。

（2）不需要工厂测试工程师的专业服务，功能测试通常属于设计师和开发工程师的专业技能范围。

这样做也有如下两个缺点。

（1）对系统的测试很难全覆盖。功能测试通常可以轻松地覆盖系统的大部分，但很难全覆盖。例如，对于带有嵌入式处理器的产品，只要打开产品，查看系统是否正常启动并且通过测量功耗就能判断电源、处理器、内存、总线、周边部件是否正常工作，但是要测试所有的功能需要编写大量的测试程序。

（2）一些小功能可能会被忽略。假设一个板载电源被设计成可以产生 2.7 伏电压，但是实际组装好的板载电源只能产生 2.5 伏电压。有些本该在 2.7 伏电压下工作的元件在实际 2.5 伏电压下工作，从功能测试来看没发现有什么问题，但是超出容差范围很可能是由制造误差或损坏的元件导致的，随后可能出现更多的不良后果，如电路故障、电池寿命变短等。相比之下，使用在线测试或飞针测试来测量电压就很容易查出这些问题。

（四）手工组装 PCBA

如果你喜欢自己动手，那么可以尝试手工组装 PCBA，而不必使用昂贵的工厂级生产设备。手工组装 PCBA 包含以下 3 个步骤。

（1）通过钢网，手工把焊锡刮到 PCB 上。

（2）使用镊子或类似的工具，手工安装各个元件。

（3）使用电烙铁、热风拆焊台、烤箱、电锅或半工业级回流焊炉来焊接元件。

这些技术只适合生产少量小型的 PCBA。由于手工组装 PCBA 涉及的步骤很多，并且使用的工具都不是最专业的设备，因此，手工组装 PCBA 并不容易，十分耗时，而且有些工作不能完全靠手工来完成。

三、最后组装

最后组装也叫成品组装，是指把 PCBA 和机械部件组装到一起，一般通过手工来完成。这个过程需要耗费的时间因产品的不同而差异巨大，简单设备的组装可能只需要几分钟，科学仪器等复杂系统的组装可能需要几天，甚至更长时间。

在最后组装的每一步中，工人要严格遵循组装说明、示意图和演示视频，确保每个元件都被正确地安装。这些文档最好由产品设计师、开发者和工厂人员共同编写，要在项目计划中预先为这个环节安排好时间。

在最后组装阶段要进行大量的检查，确保每个元件都组装正确。例如，添加一根内部连线之后，要立即检查电压，保证其连接正常。你不能在产品完全组装好之后才进行类似的检查，因为那时进行的检查需要把产品拆开，会花费更多的时间和精力。在产品设计和开发过程中，设计师要考虑如何让产品组装起来更轻松、更高效。

首先，在产品生产中，最后组装往往是劳动最密集的一步，任何有助于缩短完成这项任务所用时间的做法都能帮助你节约很多成本。

其次，组装越复杂、组装步骤越多，你越需要花更多的时间为工厂编写组装说明。在编写组装说明时，关键的一点是要明确地说明如何进行组装，如果组装简单、明确，那么组装说明编写起来会更容易。

最后，如果组装很复杂，产品的可靠性可能就会很差。例如，在把线材接入连接头时，如果技术人员不能直接用手触碰连接头，那么他可能需要使用钳子夹着线材穿过 PCBA 的间隔，最后放置并固定到位，这可能导致电缆连接不牢靠。如果你预先想到了这个步骤，在设计产品时考虑了组装的便捷性，那么最后组装时就会好得多。

四、最后功能测试

最后功能测试也叫行尾测试，一般在成品组装完成之后进行。从技术角度看，这是功能测试的一部分，之所以把它单独拆分出来，是因为与其他的功能测试相比，它需要更多的人工干预，也更主观。

在这个阶段，技术人员要先检查设备的整体状况，比如，所有的元件是否安装正确、是否有划痕等。然后打开设备，进行一些简单的操作，检查是否一切正常。

一般来说，测试员会有一份检查表，但是大部分测试是非常主观的，难以量化。例如，一名测试员可能发现了一道很小的划痕，另一名测试员却可能发现不了。最后功能测试的挑战在于，要长期保持多名测试员对同一种产品合格率判定的一致性。

完成最后功能测试后，就要对产品进行包装了，这样做是为了保证产品在到达用户手中时外观漂亮并且功能完整。

五、包装

产品进入销售环节前的最后一道工序是包装，即把产品、相关的配件、使用手册、防护泡沫、包装袋等装入产品的包装盒中。

包装通常很简单，包括装盒、粘胶带、折叠等步骤。一般来说，产品包装完全由人工完成，因此简化这项工作的流程是值得的，这样有利于减少失误和降低生产成本。包装完成后，产品就可以进入销售渠道了。

第九章
产品项目管理

项目是为了向客户提供独特的产品或服务而进行的临时性的任务，有以下两个重要的特点。

（1）它是一次性的活动：项目有明确的开始日期和结束日期。

（2）它是独特性的活动：项目交付的结果是独特的，在项目交付的过程中，需要通过创新性的活动来保证交付这个独特性的结果。

因此，修建一栋楼是项目，开发一种新产品是项目，植树也是项目。

第一节　项目管理工具

本节主要讲解项目管理过程会用到的 4 种工具，对每个工具的描述都包括以下 3 个方面的内容。

（1）是什么？

（2）如何工作？

（3）如何使你的团队受益？

4 种工具如下。

（1）项目团队车轮图：为跨职能团队配备人员。

（2）RACI 图表：确定角色和职责。

（3）功能相位矩阵：避免功能职责间的差距。

（4）边界及升级管理：设置项目的边界条件。

一、项目团队车轮图

项目团队车轮图也被称为跨职能团队图或核心小组图，目的是为跨职能团队配备人员。很少有跨职能团队能够以足够的资源启动项目并按可预测的时间表交付产品。更多的情况是，当项目成员在不同的时间从事不同的项目时，关键风险是管理资源可用性的“潮起潮落”。

项目团队车轮图如图 9-1 所示。团队可以使用项目团队车轮图来清楚地了解团队人员的配置情况。

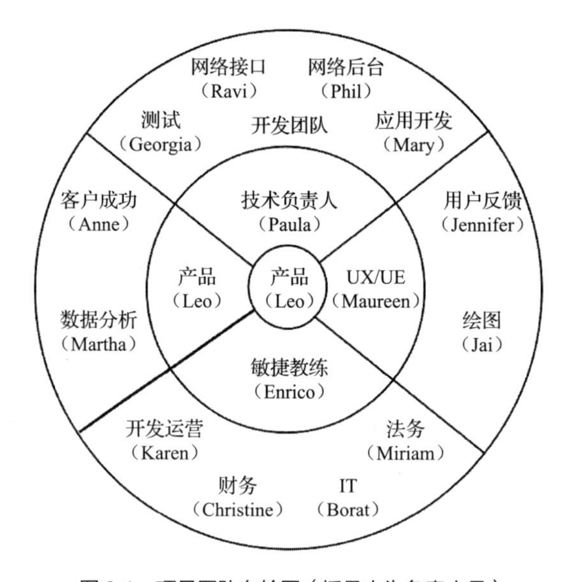

图 9-1　项目团队车轮图（括号内为负责人员）

（一）使用项目团队车轮图定义跨职能团队

项目团队车轮图按职能标识了核心项目团队的成员，以及扩展项目团队成员的角色和姓名。项目团队车轮图是一个简单而强大的工具，可以快速确定项目人员配置，并且可以呈现跨项目扩展的资源方面的差距。

项目团队车轮图可以针对不同类型的项目、初创企业、大型企业进行不同程度的扩展。它提供了一致的模型，可以帮助管理团队降低与人力资源相关的风险。对于大型项目来说，可以创建多个项目团队车轮图，每个“车轮”都从核心团队向外辐射。

（二）项目团队车轮图的作用

（1）确保所有的跨职能团队成员都清楚他们的角色，以及其他人的角色定义。

（2）清楚地识别团队中的资源缺口。

（3）定义专门用于特定项目团队的成员。

（4）最大限度地减少因成员缺失或其他人力资源问题造成的意外事件或项目失败。

（三）项目团队车轮图如何帮助项目经理

在所有必需的资源都可用之前启动项目的情况并不少见，项目经理可以基于项目团队车轮图，围绕人员配备问题做出决策，同时清楚地传达如何减轻或解决任何人员的问题与差距。

对于拥有大量的利益相关者的公司来说，项目团队车轮图是一种有效的沟通工具。该工具可确保所有的利益相关者的利益在项目中得到体现，为整个跨职能团队提供一致的方法来确定资源缺口。它还具有可扩展性，甚至可以被公司之外创建的扩展项目团队使用。

虽然该工具可以衡量跨职能团队人员配置的情况并快速识别资源缺口，但是它不能评估所分配资源的质量和有效性。影响跨职能资源有效性的两个因素如下。

（1）技能水平。

（2）资源可用性。

这些因素会影响团队的交付能力。

二、RACI 图表

RACI 图表主要用于阐明角色和职责，包含 4 个方面的内容。

（1）谁负责（Responsible）。明确负责执行任务的角色，该角色负责操控项目、解决问题。

（2）谁批准（Accountable）。明确对任务负全责的角色，只有经他同意或签署之后，才能开展项目。

（3）咨询谁（Consulted）。明确拥有完成项目所需的信息或能力的人员。

（4）通知谁（Informed）。明确拥有特权、应及时被通知结果的人员，却不必向他咨询、征求意见。

分清谁在项目中做什么是最基本的要求，明确任务、职责和截止日期是项目管理的基础。

RACI 图表有助于定义哪些角色是负责人、咨询人和知情人。随着项目开发的复杂性的增加，创建一个清晰的图表，标明谁负责什么。这有助于防止任何类型的项目失败，如开发、设计、IT、人力资源或变更管理。

RACI 图表如图 9-2 所示。

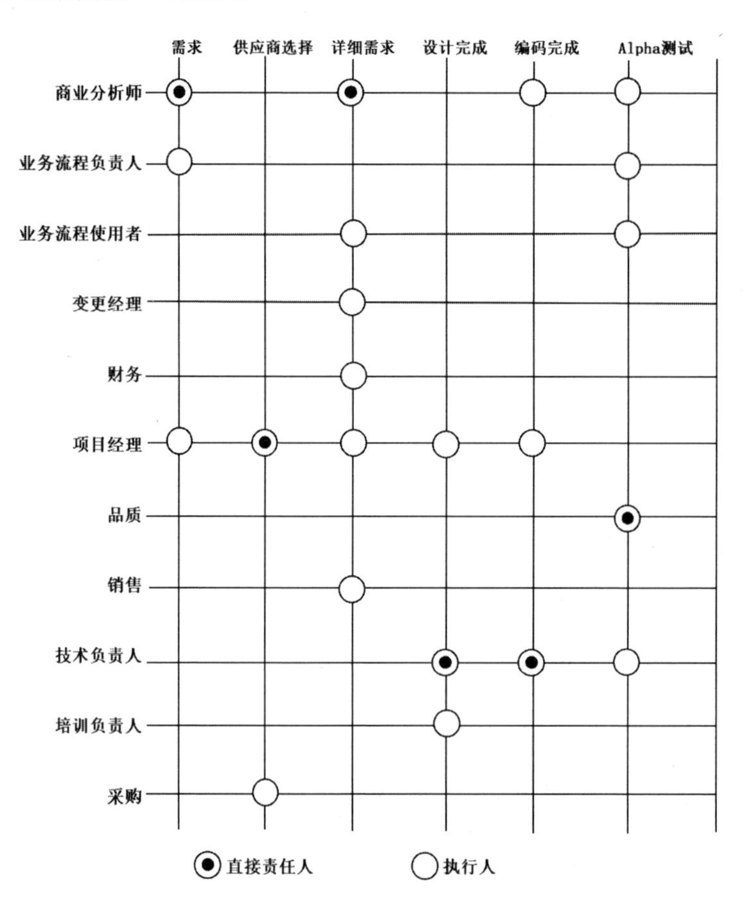

图 9-2 RACI 图表

（一）如何创建 RACI 图表

RACI 图表是一个带有图形图标的矩阵。

（1）在横轴上标识关键可交付成果。

（2）在纵轴上标识关键角色（或关键个人），包括项目经理。

（3）空心圆圈：表示任务中涉及的执行人。

（4）实心圆圈：表示直接责任人（DRI），即负责交付或决策的人。

每个可交付成果或任务应该只有一个 DRI，这是一个动态图表，需要随着职责的变化而更新。

（二）RACI 图表的作用

（1）确保每个可交付成果或决策只有一个 DRI。

（2）提供角色和职责的直观表示。

（3）建立对角色的共同理解并消除内部分歧。

（4）有利于进行跨地域管理。

（5）有利于追踪责任。

（三）RACI 图表对抗项目延迟

除了需求不明确，职责不明确也是导致项目延迟的主要原因之一。

通过向团队提供与关键功能相关的可交付成果的清晰的 RACI 图表，可以大大减少或避免这个问题的出现。此外，RACI 图表是在项目开始时创建的，因为项目经理得到了团队成员的认可，所以这些团队成员表明他们会努力做好给定的任务。

在开展项目期间使用 RACI 图表，是因为它提供了一张定期审查的参考表，可以确保任务配备适当，并且每个可交付成果或决策都有明确的 DRI 指示。

修改工具以匹配手头任务的范围。对于大型项目来说，最好有两种级别的 RACI 图表。

（1）一个 RACI 图表用于整个项目。

（2）其他几个 RACI 图表用于子系统。

例如，在平台项目中可能会有 4 个 RACI 图表。

（1）用 3 个二级 RACI 图表来涵盖项目的 Web、客户端、设备部分。

（2）一个 RACI 图表用于整个项目。

有时，角色需要更加明确和具有具体任务，在这种情况下，参与任务的 3 种角色（未参与、参与、负责）是不够的，你可能需要添加其他角色，如批准和咨询。

三、功能相位矩阵

公司每天都会推出新项目，当团队不能清楚地了解每个团队成员在项目的每个阶段所做的贡献时，项目很快就会脱轨。

那么，如何快速地构建和传达里程碑目标和团队成员的贡献以突出差距和重叠?

功能相位矩阵是可以帮助项目经理工作的强大工具，允许跨职能项目团队完成以下工作。

（1）确定项目目标。

（2）确定角色和职责。

（3）确定主要阶段的成果。

可以使用功能相位矩阵来确定团队成员和里程碑可交付成果之间的依赖关系。功能相位矩阵如表 9-1 所示。

表 9-1　功能相位矩阵

<table>
<tr><td rowspan="4">功能</td><td>阶段</td><td>概念</td><td rowspan="4">概念评审</td><td>设计</td><td rowspan="4">设计成熟度评审</td><td>验证</td><td rowspan="4">准备发布评审</td><td>生产</td><td rowspan="4">回顾总结</td></tr>
<tr><td>阶段目的</td><td>探索满足客户需求的可能性</td><td>完成详细的产品设计</td><td>设计过程与验证测试</td><td>满足客户需求</td></tr>
<tr><td>产品营销</td><td>市场需求文档；需求和任务分析；初步市场调研</td><td>预测假设；产品营销计划；可用性报告</td><td>可用性验证报告；外部基准；初始产品介绍计划</td><td>价格计划；产品发布计划；建立客户反馈接口</td></tr>
<tr><td>产品管理</td><td>指派项目负责人；初步项目计划；创建团队控制车轮图；创建功能相位矩阵</td><td>管理边界条件；管理项目沟通；必要时进行越界评审</td><td>管理边界条件；管理项目沟通；确保测试覆盖率</td><td>管理边界条件；管理项目沟通；进行全面的总结反思</td></tr>
</table>

续表

	阶段	概念		设计		验证		生产	
功能	软件工程	初步工程需求规范；工业设计；产品设计；概念探索	概念评审	完成软件设计规范；测试计划和时间表；正式的系统级品质审查	设计成熟度评审	最终软件发布；确认最终软件；接受质量标准	准备发布评审	后续的软件计划；接收测试；最终的测试报告	回顾总结
	行动	初步生产计划；长相连组件；专有来源清单		可制造性设计输入；供应商管理策略；制订市场计划		生产过程验证；在生产版本上测试硬件和软件的可用性；确定成本基准		实现产品的稳定性及可靠出货；实现效率目标；开始实施故障反馈	

功能相位矩阵的作用有以下几个方面。

（1）确保你可以在阶段或里程碑级别进行跨职能协调。

（2）确保你将所有的关键可交付成果分配给个人。

（3）它是一种可扩展的工具，你可以应用于大型或小型团队、简单或复杂的项目及跨地域团队中。

（4）帮助你的团队与产品交付期望保持一致。

你可以在项目生命周期的早期通过功能相位矩阵明确角色和职责，来提高项目团队的效率，用来创建一致的开发过程。

四、边界及升级管理

在项目开始时，由产品负责人和管理层的开发团队就成功的关键维度达成一致。例如，明确一个项目具有哪些必备的功能、目标开发成本、质量度量、目标成本和项目时间表。

团队和管理层就每个维度达成明确的量化目标，这些是边界条件，是团队和管理层衡量成功的标准。

这些条件构成了一份合同，规定了团队将交付什么及管理层期望什么。

设置了边界条件并开始项目后，只要团队继续朝目标前进，管理层就需要让团队进行自我管理。

如果项目似乎无法在5个维度中的一个或多个方面满足其边界条件，即无法实现边界突破，则项目经理必须做好以下两个方面的工作。

（1）立即通知管理层。

（2）提出边界突破的解决方案。

这些通信触发了快速的升级过程，此过程旨在帮助项目经理（PM）在突破预期边界时使团队快速地回到正轨。升级地图如图 9-3 所示。

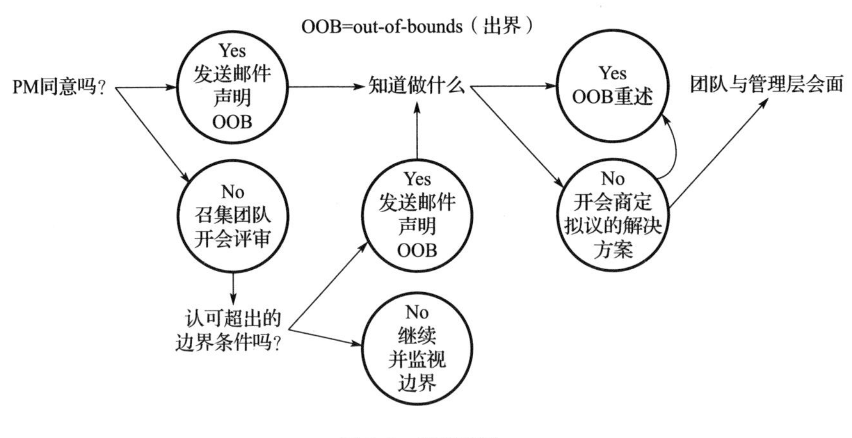

图 9-3 升级地图

在管理层收到团队可能会发生边界突破的消息后，可以同意或不同意团队的提议，并提出如何补救这种情况的建议。

如果管理层同意，那么各方都会确认一个新的、有风险边界条件的量化措施，项目就会按照新的规范推进。

如果管理层不同意团队的提议，那么接下来进行面对面的会议，由项目经理领导的团队和管理层协商新合同，为项目设定新的边界条件。

该团队根据新协议继续执行该项目。

以一个可穿戴设备为例。

一位资深程序员从该团队离职了，这使得产品的 MVP 开发延迟。这直接影响了两个未开发的关键 API，尽管延迟并未对项目的整体时间安排产生重大影响，但是它增加了成本，后来估计成本会超出 20% 预算。

缺陷率高于预期但是在范围内，其他的边界条件仍然是可以实现的目标。

这些预期突破的边界条件引发了一次越界评审，公司重新协商了略高的预算和一组修订后的功能，最终使团队回到正轨。

图 9-4 所示为边界条件图，团队与项目经理一起为 5 个变量设置了边界条件。

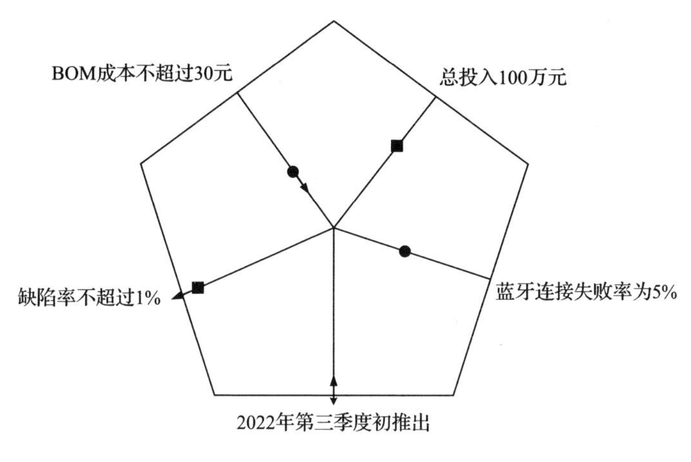

图 9-4　边界条件图

（1）开发成本。

（2）产品成本。

（3）时间。

（4）特性。

（5）质量。

五边形内的箭头表示每个边界条件的当前位置和预期轨迹。

那些朝着图形中心前进的箭头，标志着该边界条件已经走上正轨，如图中的 BOM 成本。

那些朝向外围的箭头，正在漂移出界，如图中的缺陷率。

那些在图形边缘的箭头，有边界被打破的危险，如图中的产品推出时间。

边界条件强调定量目标，这些目标是计划成功的合理的预测指标。通过管理目标消除微观管理的不确定性，在过程中消除大量的摩擦和避免主观性。应用这些工具将帮助你提升项目管理能力、创新能力，同时推进产品上市。

第二节　项目管理升级流程

在任何类型的项目或计划中，经常发生需要将决策升级到项目团队级别以上的情况。典型的场景包括项目范围变更、不可预见的技术问题、预算超支、进度延误或变更等情况。

无论是公司的决策流程、规划流程，还是研发流程，都是跨部门的，一般会通过 3 种方式运作这些跨部门流程（职能式、弱矩阵、强矩阵）。

在强矩阵化的组织中，这些问题的代价可能会特别大，其中向各职能部门（工程部、营销部、财务部、制造部等）报告的人员基本上是“借用”给项目经理来完成可交付成果的。

这些人员可能同时在多个项目团队中工作，并为他们的职能团队做出贡献。当流程在这样的系统中遇到障碍时，就可能发生接近混乱的事情。

假设发生了一些技术性的问题，将使流程多花费 10% 的资金，并需要更多的资源或时间。

（1）财务团队成员可能会向他的领导报告工程师建议超出预算。

（2）工程师可能会向主管汇报项目范围改变了，现在他们不能满足技术要求。

（3）产品经理可能会向他的领导反馈工程师水平不行，无法满足客户的要求等。

（4）与此同时，项目经理正在向他的领导请求给予更多的时间和资金。

这些主管可能会一对一或在不同的小组中会面、讨论情况，争论谁应该受到指责等。项目沟通图如图 9-5 所示。

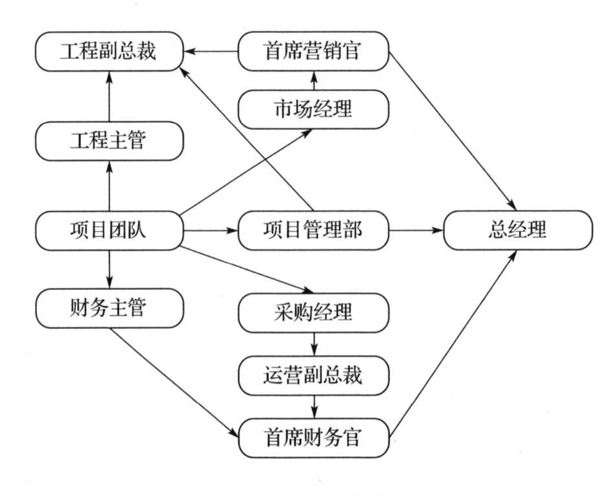

图 9-5　项目沟通图

同时，该项目一直处于停滞状态，直到通过某种共识最终形成解决方案，但是进度落后、预算超支，团队成员可能产生不良的情绪。

有一种明确的方法可以避免发生这些情况，但是需要预先制订计划和得到高层管理人员的支持。

你需要为团队内部无法处理的任何问题定义一个非常清晰的升级路径，并让整个团队就升级路径达成一致。

一、升级路径

定义一个由主管级别的适当的人员组成的监督团队，以及一个由副总裁级别的经理组成的升级团队。

升级管理如图 9-6 所示，其中包含团队中的典型角色。

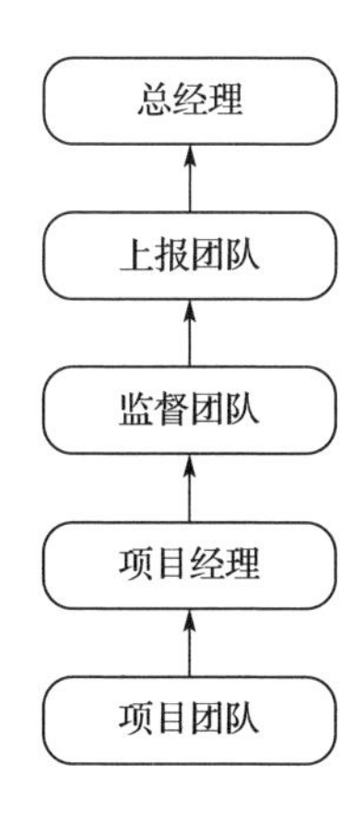

图 9-6　升级管理

其中，上报团队主要涉及的人员如下。

（1）工程副总裁。

（2）首席营销官。

（3）首席财务官。

（4）运营副总裁。

监督团队主要涉及的人员如下。

（1）工程主管。

（2）市场经理。

（3）财务主管。

（4）采购经理。

成立团队后，我们需要签订一份每个人都同意的协议。

（1）如果项目团队中有人觉得团队内部存在无法解决的问题，那么他会将其提交给项目经理或项目团队进行讨论。如果同意升级，那么他需要至少提出两个替代解决方案，并向监督团队提出建议。升级应该由项目经理完成，并交给监督团队。

（2）监督团队应同意立即开会（比如在2个工作日内）并决定做什么。比较忙碌的高管有时可能在出差，这意味着他们需要在晚上或周末开网络或电话会议，或者指定代理人。如果问题没有解决或他们没有决策权（比如增加预算），则需要将问题及建议发送给升级团队。

（3）上报团队需要在2个工作日内开会并遵守相同的规则。如果他们不能做决定，问题就会被提交给总经理，总经理需要在2个工作日内做出决定。

（4）当项目经理受领总经理决定后，会立即将其记录下来并将该文件发送给所有的相关方。如果组织中的每个人都同意升级路径和升级协议，那么完成项目就会顺利得多，团队成员的不良情绪也会降到最低。

在上面的例子中，解决任何问题或重新设置项目范围及期望的时间将从数周甚至数月减少为6天。

二、设计升级流程

升级流程明确了整个组织的决策边界和上报路径，以便快速、清晰地解决问题。该流程围绕核心的项目团队和明确的项目经理来设计，允许核心的项目团队在组织结构的较低级别进行决策，同时具有用于异常管理的预定义流程（将高优先级的问题提升到更高级别的升级工作流程），该流程最大限度地减少了升级决策需要的时间，它是敏捷式产品开发过程中必不可少的工具之一。

项目经理通过以下4个步骤创建升级流程。

（1）定义决策类别。定义决策类别包括财务、人员配备、工具和技术功能等领域。在定义决策类别时，项目经理应该注意基于组织复杂性的类别数量的正确、平衡。项目经理应该避免出现太多问题而无法升级到下一个级别，从而使流程负担过重，与此同时，出现的问题太少的话，又无法给项目提供有意义的升级路径。

（2）项目经理应按职能职责确定适当的升级程序，应该从组织中的最低级别（通常是个人贡献者）开始。某些决策类别可以并行沟通（跨职能），并且沟通通常来自项目经理。

（3）定义关键的组织贡献者及其决策权，包括项目经理，这可能因项目的规模和复杂性而异。在某些情况下，会有双重沟通路径（职能和项目）来确保快速进行决策。

（4）项目经理与管理层进行审查，就类别、决策权限和升级程序达成一致，即行使决策权。升级流程应该由管理层签署。

对于项目经理而言，升级流程有什么意义？

（1）最大限度地减少将产品推向市场的时间延误。

（2）在决策过程中推动问责制。

（3）通过提供清晰的升级流程来节省做决策的时间和精力。

（4）指导新的团队成员快速地做决策。

三、解决的业务问题

缩短产品上市时间的有效策略之一是在团队及项目停滞不前时找到一种做决策的方法，升级问题可能触发下一个级别的沟通。另外，只有在组织中的所有级别都同意的情况下，升级过程才有效。

当跨职能团队传达项目升级时，下一级管理团队需要准备好快速地提供指导。此外，团队的素质决定了升级流程的有效性，团队成员愿意承担推动决策的责任，并有良好的判断力，可以在其职权范围内执行这些决策。

升级不仅仅适用于开发阶段，如果出现问题，那么公司可能需要升级产品组合管理活动中的问题。项目升级图（见表 9-2）描绘了有效决策的责任和沟通路径。

表 9-2 项目升级图

决策类别	决策类型	升级路径
产品特性 / 功能	特征	IC:FL:PM:CT/FD:BU:CMO
人员配备	时间表、费用	IC:FL:PM/FD:CT:BU
变革管理	流程	IC:PM:CT
产品成本	成本	IC:FL:PM:CT/FD:BU:CFO:COO
法务	法务	IC:FL:PM:GC
客户服务	时间表、费用	IC:FL:PM:BU:CMO
工艺改进	时间表、费用	IC:PM:PMO

（1）“决策类别”对决策类型进行分类。

（2）“决策类型”提供了映射到类别中的特定类型的决策。

（3）“升级路径”显示了从个人贡献者到最高管理层的升级路径。

项目升级图缩写词如表 9-3 所示。

表 9-3 项目升级图缩写词

缩写词	组织贡献者	决策权
IC（Functional Individual Contributor）	功能性个人贡献者	功能执行
FL（Functional Lead）	职能部门主管	功能交付
PM（Project Manager）	项目经理	项目交付
CT（Cross-Functional Project Team）	跨职能项目团队	跨职能执行
FD[Functional Director (or VP)]	职能总监（副总裁）	职能预算
BU（Business Unit Lead）	业务部门主管	业务交付
GC（General Counsel）	总法律顾问	合法性
PMO[Project Management Office (or PM Leadership)]	项目管理办公室（或项目经理领导层）	跨项目交付
CMO（Chief Marketing Officer）	首席营销官	客户体验
COO（Chief Operating Officer）	首席运营官	公司执行
CFO（Chief Financial Officer）	首席财务官	公司财务业绩
CEO（Chief Executive Officer）	首席执行官	公司交付

并非所有的决策都会由组织的最高层决定，决策的范围和影响将决定需要什么级别的权限。

张三正在开发旗舰产品的下一个版本，该产品将在7个月后的年会上推出，上市时间很重要。硬件团队处于设计的早期阶段，也在取得进展。尽管张三已从固件团队中指派了两名成员参与该项目，但是他们尚未开始工作。其中一位硬件工程师李四担心，如果他们不尽快参与进来，开发工作就会延迟。

在与固件工程师的对话中，他了解到他们仍在进行上一个版本的更新，并且在未来3周内无法投入新项目。李四无法解决这个问题，所以他依靠团队的项目升级图来尽快解决这个问题。

通过使用项目升级图，李四确定这是一个即将影响项目进度的人员配置问题，他将问题上报给他的职能主管王五。王五是跨职能项目团队的成员，他没有固件工程师的权限，因此他将资源冲突告诉了项目经理，还将这个问题提交给了他的职能主管赵六。赵六负责管理业务部门的所有的工程团队。赵六决定让一名固件工程师继续进行当前的工作，并安排第二位工程师的时间，以便为新项目配置人员。

在任何重大项目或计划开始时，为团队内部无法解决的问题定义清晰的升级路径和协议将大大加快项目进程并最大限度地减少组织中的冲突。

第三节　项目管理流程

通过有效的项目管理，你将付出更少的花费和节省更多的时间。团队在微观层面做出的决策可能与预期的情况存在差异。

（1）与时间排期、预算存在差异。

（2）在最佳的或最小功能集之间存在差异。

（3）在拥有让客户满意的产品或样品之间存在差异。

在企业中，项目和操作是两个相对而言的概念，操作是周而复始的活动，这种活动不需要创新。

例如，鞋厂工人按照标准作业指导书（SOP）制造产品，工人需要把鞋帮和鞋底粘在一起，用多少胶、施加多少压力，SOP中有详细的规定，循环地按照规定生产就可以了。产品开发项目不能孤立地被优化，这些项目在资源方面存在依赖关系，存在可以共享以降低成本的协同效应。

项目管理是指在企业有限的资源中，通过项目经理和项目团队的共同努力，运用系统的理论和方法，对项目涉及的全部工作进行有效的管理。项目管理是一项技能，用于管理项目及项目之间的联系，以优化整个项目。也就是说，在整个项目生命周期内进行计划、组织、指挥、协调、控制和评价等管理活动，以实现项目目标。

一、单项目管理

单项目管理是指使用跨职能团队模型，通过定义项目经理和团队成员的角色，在项目中建立团队以取得成功。公司会控制一个项目与另一个项目之间复杂的依赖关系，从而节省资源，同时防止项目相互妨碍。

单项目管理的有效性一般通过以下 3 个方面来保证。

（1）核心小组：核心小组是指开发特定产品的一个小型的跨部门项目组，一个典型的核心小组有 5 ～ 8 个成员，有权也有责任管理所有的与开发该产品相关的任务。

（2）阶段性的审核过程。

（3）结构化的管理方法：端到端的管理。

在项目管理上，如果一个项目的成功单纯依靠人的自觉性来保证，那么它是很难取得持久性的成功的。因为人是复杂的，必须建立一套管理机制，用管理的确定性来应对人的不确定性，这样才能实现持续的成功。

下面是一个经典的项目管理案例。

有一家绿化公司在公司内部设置了 5 个部门。

（1）运输部门。

（2）挖坑部门。

（3）植树部门。

（4）封土部门。

（5）浇水部门。

在植树节前，公司总经理把各部门的负责人召集在一起，召开了植树项目动员大会，要求各部门紧密配合，把这个项目高质量地完成。各部门经理回到部门后，把任务分别分配给了部门中的小赵、小钱、小孙、小李、小周，也就是说在植树项目中的具体安排如下。

（1）小赵的职责是运输。

（2）小钱的职责是挖坑。

（3）小孙的职责是植树。

（4）小李的职责是封土。

（5）小周的职责是浇水。

在植树现场，虽然部门之间的人员配合存在着这样或那样的问题，比如存在以下问题。

（1）小孙抱怨挖的树坑太浅影响了植树。

（2）植树的小孙没有把树栽直。

（3）封土的小李对植树的质量不满意。

但是大家最终还是能够配合起来，使项目能够向前推进直至结束。几个月后，公司发现所栽的树大面积枯萎，大家把死亡的树拔出来后发现，树根上包的塑料膜没有被去掉，树最终因为吸收不到足够的水分而死亡。出现了这么大的问题，公司要追究责任：为什么花了那么多的人力、物力、财力，种的树却没有成活？

公司开始实施项目复盘，复盘是指公司在项目中后期通过回溯的方式，总结成功的经验或失败的教训，目的是为以后的项目运作起到借鉴作用，防止以后的项目发生类似问题。在项目复盘会议上，各位负责人陈述了职责与实际的工作情况。

负责运输的小赵说自己辛苦地把树从购买地运到了植树现场，摆放得很整齐。

小钱说自己的职责是挖坑，自己把坑挖得又圆又深，质量合格，出了这种事自己没有责任。

小孙说自己的职责是植树，负责把树直直地栽在坑中。

小李说自己按要求把土封上了，还用力踩了几脚，出了这种事自己没有责任。

轮到小周发言了，他说自己的职责是浇水，已经按照要求浇了水，出了这种事自己没有责任。

植树现场的每个人都说没有责任，但是结果是树没有成活。在公司项目开展的过程中，类似的现象时有发生，项目结果是失败的，但是各个部门都能够成功地把自己“洗白”。就上面植树的案例而言，通常情况下，运到现场的树的根部不应包裹塑料膜。在以往的部门职责中，没有明确要求哪个部门要把塑料膜解下来。因此，各个部门的人员按照原来定义的清晰的职责去种树，种上树了，但是由于没解下塑料膜，树的成活率大打折扣。

项目管理是“端到端”的管理，在项目开始时就要明确项目目标。例如，种树的项目目标是把树种上并且要确保树成活。“端到端”管理的对立面是“段与段”，所谓“段与段”就如上例中的植树人员，他们各管一段植树流程，虽然在每段植树流程中都执行了原定的职责，但是结果就是有问题。项目管理的“端到端”就是要指定端到端的项目管理人员，而不仅仅指定段与段的负责人。

在上面的植树的案例中，如果公司以项目管理模式管理此事，就会指定一位种树的项目经理，这位项目经理就是“端到端”的管理者。项目经理的重要目标是植树并保证树的成活率，而且这会作为一个绩效管理目标，甚至作为对其绩效进行管理的依据。

在项目的实施过程中，由于项目是创新性的活动，因此会出现这样或那样的不可预知的现象。因为项目经理的职责是确保项目目标实现，作为项目“端到端”的管理者，项目经理会根据项目现场出现的新情况进行项目管理和决策，直至实现项目目标。

二、项目群管理

当多个团队在管理相互关联的项目时，公司会扩展项目级别，具体是指把项目关联在一起并作为一个整体进行管理，即项目群管理。

相互关联的项目一般体现在以下两个方面。

（1）产品针对相同或类似的市场。

（2）产品基于相同或类似的平台和技术。

项目群管理是一种能力，它允许公司通过巧妙地管理各个项目和产品之间的协同作用和依赖关系，交付成功的产品或服务。

项目群是一组相互关联的项目的集合。项目群管理是指对项目群进行统一协调和管理，保证项目群的整体绩效最大化，而不是单个项目绩效最优。

以项目群（新产品开发项目）为例，如图 9-7 所示。

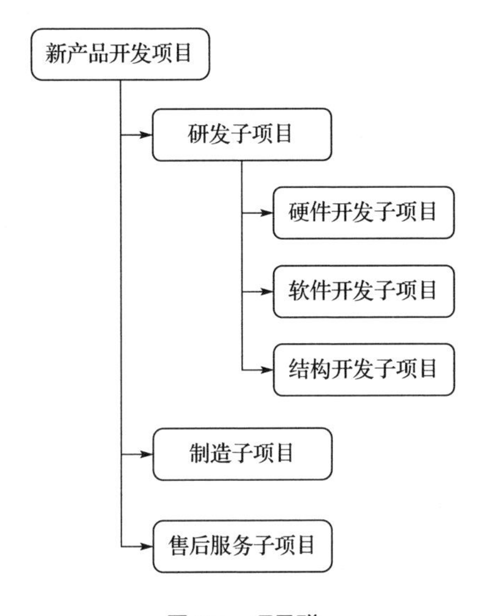

图 9-7　项目群

新产品开发项目可以看作由各个领域的子项目组成的项目群。

一个项目群配备一名产品开发项目经理，负责项目群的管理。

各个领域的子项目的项目经理作为产品开发项目的核心代表，负责领域内单个项目的管理。

这种项目群管理方式能够方便地实现以下功能。

（1）各个项目之间的信息共享。

（2）协调各个项目之间的依赖关系。

（3）解决项目人力资源共享和冲突的问题。

（4）共享对外沟通渠道。

（5）避免独立地管理单个项目存在的风险。

三、项目组合管理

项目组合是为实现组织战略目标而组合在一起的项目、项目群和其他工作，项目、项目群是项目组合的子集。项目组合管理是站在整个组织层面上对现行组织中所有的项目进行计划、组织、执行与控制的项目管理方式。

项目组合中的项目或项目群不一定彼此依赖或有直接关系，这一点与项目群中各个项目之间的依赖关系不同。

项目组合管理继承了单项目管理中的理论和方法，不同的是，项目组合管理将关注点从单个项目内部转向多个项目之间，强调了项目之间、项目与组织之间协调一致的关系。项目组合管理通过项目或项目群的组合合理地分配组织的有限资源，实现资源效益最大化。

以某厨房家电企业为例，所有的项目都是为了实现企业的业务目标服务的，这些项目、项目群之间可能有依赖关系，也可能没有依赖关系。但是它们都要由企业来管理，通过协调、指导和决策，保证这些产品开发项目和项目群的方向及资源配置。

该企业的项目组合示例如图 9-8 所示。

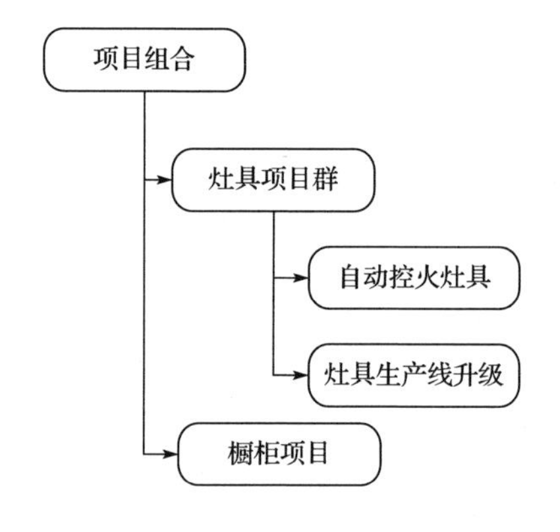

图 9-8 项目组合示例

项目组合关注的是选择做哪些项目，项目群关注的是如何把已经决定要做的项目做得更好。

第十章
产品经理的核心素质

硬件产品经理与互联网产品经理相比，更接近传统的产品经理。两者的典型差异表现在产品形态和市场渠道上，但是产品的本质与互联网产品的本质是一致的，包括市场调研、方案选型、产品规划、产品研发、升级迭代、推广营销等。

硬件产品的品类繁多，产业链复杂，不同行业的差异性极大。硬件产品经理需要熟悉工作领域相关的小圈子或行业，如手机、机器人、AI、VR、智能锁、音响等。

硬件产品经理应从以下 6 个方面来了解这些硬件。

（1）了解从需求到生产的全过程。了解该硬件领域是如何兴起的，运用了哪些技术，满足了哪类人的需求，整体市场的销量情况及未来的产品形态将会怎样等。

（2）整合资源。硬件产品经理需要整合多方面的资源，明确产品的前期需求，需要把产品定义搞清楚。

（3）完成产品形态定义。硬件产品经理需要将产品形态以文字、图片、模型等方式展示出来。

（4）可量产性评估。完成产品形态定义之后，接下来就需要跟 ID、结构等技术人员一起评估产品的可量产性，以及 ID 的美观性。

（5）开发周期评估。评估整体的开发周期、开发成本等，进行正式立项前的一些综合性的评估，类似于项目开展前期的各种风险评估。

（6）立项。产品的开发周期、成本各方面的风险都评估到位之后，项目就可以正式启动了。

第一节　产品经理的基础能力

狭义上的产品是指具有某种特定物质形状和某种用途的物品，一般是指看得见、摸得着的东西。广义上的产品是指人们通过购买而获得的能够满足某种需求和欲望的物品属性的总和。

从供给角度来看，产品是你为了满足客户的需求或欲望而销售的物品或服务，可以将产品类比为一种输入、输出设备，它将客户的价值主张转化为制造商的利润主张。

客户购买的不是产品本身，而是产品将为他们做什么。

客户购买的不是空调，而是炎炎夏日的舒适体验。

客户购买的不是洗衣机，而是更快速、更轻松地洗涤衣物的能力。

产品可以是实物产品，也可以是虚拟产品。

实物产品包括耐用品（如家具和计算机）和消耗品（如食品和饮料）。

虚拟产品是指为消费者提供服务或体验的产品，如教育和软件。

产品可能是混合性的，既可以是实物产品，也可以是虚拟产品。

一般情况下，产品经理负责在整个产品生命周期中规划和维护产品，产品管理的作用是全面地考虑客户体验，这是因为单单以具有竞争力的价格提供优质产品不足以赢得客户的长期忠诚，客户会根据他们与公司的互动来决定他们对产品的看法和感受。

产品不仅仅是出售的实物或虚拟物品，最重要的是产品提供的功能和优势。价值取决于你的产品向客户提供的基本功能和优势、超出预期的增值功能、优势及未来的增强功能。

你需要考虑并优化客户与产品、公司互动的每一种方式，这个概念被称为完整的产品体验。在软件和技术领域，产品体验分为 7 个方面的主要内容。

（1）营销是潜在客户了解你的产品并确定它是否适合帮助他们解决问题的方式。随着互联网平台的发展，以及人们在线上的联系的日益密切，不断呈现出新的营销形式。例如，在社交平台或公司网站发布内容、在线评论等。

（2）销售是潜在客户了解产品、体验产品的过程，你需要确认你的解决方案是否适合他们。

（3）技术是指客户付费购买的核心功能集。例如，客户登录你的服务器使用在线软件。技术并不代表交易的结束，而是透明的互动关系的开始。

（4）支持系统使交付产品成为可能。支持系统是客户很少看到，但会对他们的整体幸福感产生巨大影响的内部系统。例如，高效的售后支持系统可以大大提升客户体验。

（5）第三方集成使新产品能够适应客户现有的生活和工作方式，所有的产品都存在于一个生态系统中，因此它们必须与客户已经使用的其他产品或使用习惯配合好。

（6）支持系统无所不包，从回答客户问题到培训，甚至帮助客户将你的产品与他们现有的系统集成。支持系统帮助客户使用产品以实现有意义的事情。

（7）政策是公司为管理其经营方式而制定的规则。

产品是形成公司与客户之间关系的所有触点的总和，最重要的是，你要考虑上述组件如何交互。创建无缝体验需要将产品、营销、销售和支持系统聚集在一起，以优化客户旅程的每一步并为客户创造持久的快乐。

在现实世界中，客户会根据他们的品位和优先级做选择，倾向于以不可预测的方式使用产品。一个组织必须足够灵活，能够提供多种多样的产品，同时要专注地提供高质量的产品体验。

一、产品的分类

有许多方法可以对产品进行分类，比如根据客户类型、购买行为、商业产品、行业来对产品进行分类。

（一）客户类型

你可以首先将客户类型分为两种——消费者和企业，然后以此为基础继续分为企业对企业（B2B）或企业对消费者（B2C）。

还有一种客户类型被称为B2B2C，比如京东商城、天猫商城等。一家公司可以同时拥有消费者和企业两种客户类型，了解每种客户类型的买家将如何购买和使用产品是你的产品和营销策略的基础。

（二）购买行为

产品通常会按购买行为被进一步分类，每种类型的产品都有一组独有的特征，这些特征会影响客户的购买方式。

1. 便利性产品

便利性产品的购买频率很高，这种类型的产品广泛可用、易于获得，并且通常价格低廉。

2. 购物类产品

购物类产品的购买频率低于便利性产品的购买频率，并且价格更高。买家在做出购买决定之前会比较质量、款式和价格等属性。

3. 专业性产品

专业性或利基产品具有吸引特定客户群的功能，在技术方面，这种类型的产品包括垂直市场软件，如银行的应用程序。这种类型的产品需要有针对性地推广才能接触合适的人。

4. 非主动需求产品

客户需求很少或没有主动需求的产品被称为非主动需求产品。这种类型的产品包括新技术产品和对客户的直接利益影响较小的产品，你必须直接向潜在客户宣传产品的优惠及功能以引起他们的兴趣。非主动需求产品的购买对象为创新者和早期采用者。

（三）商业产品

商业产品可以帮助公司创建自己的产品或经营业务，商业产品包括原材料、设备、零部件、供应产品和商业服务。公司使用业务软件来支持关键的业务功能，业务应用程序包括会计、客户关系管理、人力资源管理和战略规划等软件。

（四）行业

产品也可以按其所服务的行业进行分类，行业是一个非常广泛的类型，比如能源、医疗保健、金融服务或信息技术。为了满足特定的行业需求而量身定制的产品被称为垂直市场产品。当一个产品出现在多个行业时，它被称为横向市场产品。横向市场产品可以支持广泛的客户需求，比如所有的业务类型都可以使用的通用会计平台。

二、产品的 4 个层次

说到火锅，大多数人的第一反应就是会想到海底捞。中国的城市里有着海量的餐馆，然而很少有哪个餐馆会像海底捞那样长时间有排队的食客。如果问这些排队的食客为何如此喜欢海底捞？他们的回答可能有以下两种。

（1）“这里的服务很‘变态’。在这里排号等待，会有人给擦皮鞋、修指甲。”

（2）“吃火锅时眼镜容易产生雾气，服务员会给你绒布；头发长的女生，服务员会给你皮筋，还是粉色的。”

海底捞虽然是一家火锅店，但是它的核心业务却不是餐饮，而是服务。为何海底捞不在产品（餐饮）上下功夫，而是靠产品之外的服务取得成功呢？

菲利普·科特勒将产品分为 3 个层次，分别为核心产品、实际产品、扩大产品，如图 10-1 所示。

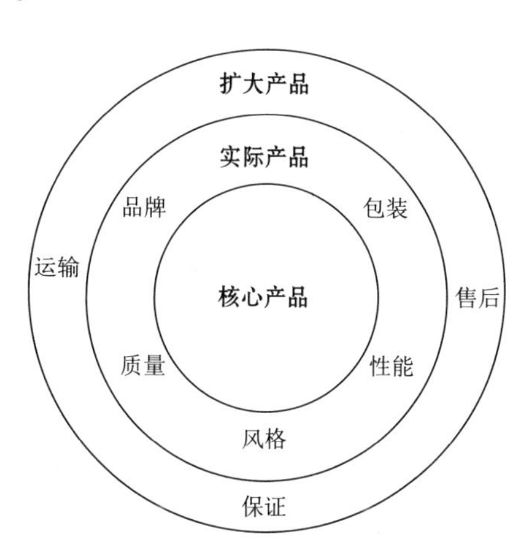

图 10-1 产品的 3 个层次

在产品的 3 个层次中，最基本的层次是核心产品，这个层次回答了本质的问题：客户真正想买的是什么？

（1）客户真正想买的不是钻头，而是墙上的洞。

（2）客户真正想买的不是化妆品，而是美丽。

（3）客户真正想买的不是眼镜，而是视觉。

首先，产品设计者要清楚产品可以为客户提供什么样的核心价值。其次，产品设计者要围绕核心价值构建实际产品层次，如产品的名称、质量、具备的特性、包装等。

实际产品是指我们普遍理解的产品，然而围绕实际产品的扩大产品往往被市场或设计人员忽视，扩大产品层次包括售后服务、质量保证、安装运输等。在产品竞争越来越激烈的今天，想在实际产品层次上有所突破不是不可能的，但是难上加难。

很多成功的企业选择了在扩大产品层次上做文章，依靠产品的外围属性吸引客户。海底捞在国内的成功正是因为它将扩大产品层次做到了极致。

下面对产品层次做进一步的优化。产品层次优化如图 10-2 所示。

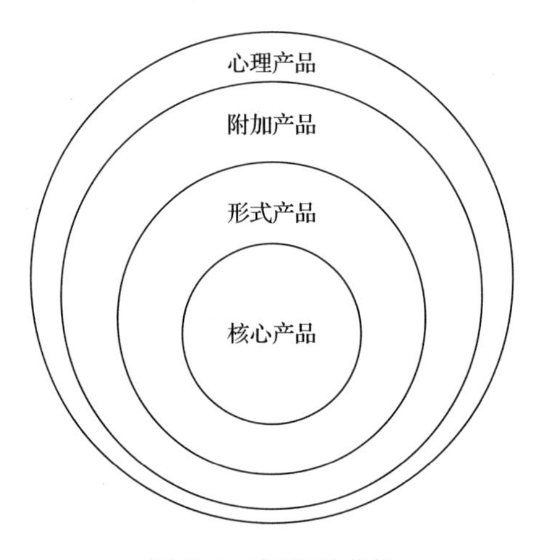

图 10-2 产品层次优化

核心产品是产品的核心层次，是顾客购买产品的真正动机。核心产品是由客户定义的，是客户购买产品的基本需求。

形式产品是承载产品核心利益的各种具有具体形式的产品，也就是我们通常所说的产品。形式产品是企业赋予的，是满足客户需求的方式或道具。

附加产品是指顾客在购买产品时得到的额外服务或利益，如提供信贷、免费送货、售后服务等。附加产品也是企业赋予的。

心理产品是指顾客购买产品时的心理感受和体验，如产品的品牌、企业的品牌、产品的定位与客户定位的符合程度等。心理产品是客户和企业共同定义的，比如企业要打造某个产品品牌，同时客户要认可这个品牌。

下面以手机为例来说明。

核心产品：客户希望能够使用手机来拍照、通话、听音乐、聊微信、看新闻、玩游戏、网购、下载并使用各种 App，还要求手机运行流畅、电池续航时间长。

形式产品：具有 6 英寸全面屏、超薄机身、1200 万双摄像头、128GB 内存、4000mAh 大容量电池。

附加产品："买手机送套餐""三包服务""分期付款""0 元购"，赠送时尚手机壳和钢化膜。

心理产品：以华为 Mate 系列、华为 P 系列和荣耀系列为例，华为 Mate 系列和华为 P 系列主打商务路线，荣耀系列则主要走高性价比路线。

三、产品经理的职责

产品经理具有内部产品管理职责和外部产品管理职责。

内部产品管理包括收集客户研究、竞争情报和行业趋势信息，以及制定产品战略和产品路线图。其中，产品战略和产品路线图规划包括以下内容。

（1）战略与愿景。

（2）客户访谈。

（3）定义功能和要求。

（4）构建产品路线图。

（5）发布管理。

（6）工程的首选资源。

（7）销售和支持培训。

外部产品管理包括产品营销职责，如品牌推广、客户沟通、新产品发布、产品营销、上市活动等。产品营销和上市活动主要包括以下内容。

（1）竞争差异化。

（2）定位和消息传递。

（3）命名和品牌。

（4）客户沟通。

（5）产品发布。

公司的商业目标在于持续稳定地获取商业利益，用户目标则在于实现用户的价值、满足用户的需求。商业目标和用户目标在很多时候是冲突的，更多的情况是损害部分用户价值以达成商业价值。例如，在商业效率低的情况下，用户为高溢价买单，很多硬件公司是难以承受小米主张的成本定价的，因为这严重压缩了它们生存和发展的空间。

如果完全以用户为中心，那么很多公司可能难以为继。产品经理作为连接公司与用户的纽带，其职责是找准公司的商业目标与用户体验的平衡点，识别并满足用户需求。

看到一种产品，我们首先注意到的是它的外观。例如，其整体是否使我们产生视觉上的舒适和愉悦感受、有没有精致的细节。而创建一种产品并不是从外观开始的，《理解漫画》中讲到，一切媒介中的一切作品的创作都遵循 6 个步骤：概念→形式→风格→结构→工艺→外观。

这 6 个步骤对于设计硬件产品来说同样适用。

（1）在概念阶段，我们需要明确产品能够创造什么样的用户价值，能够满足用户哪些方面的需求。外围的一切工作都是基于产品的核心概念展开的，同时需要满足企业的商业价值，对应用户体验要素中的战略存在层。

（2）在形式阶段，我们需要明确对应的产品形态、邮件和即时通信都能满足用户的某种需求。

（3）在风格阶段，我们需要明确产品的风格应对应产品的定位。例如，同样是即时通信软件，QQ 比较娱乐化，Google Talk 简单平实。

（4）在结构阶段，我们需要明确硬件产品的结构设计。

（5）在工艺阶段，我们需要明确硬件产品设计中的生产工艺管理及控制，包括技术研发和项目管理。

（6）在外观阶段，我们需要明确产品 ID 设计及图形用户界面（Graphical User Interface，GUI）设计。

第二节　市场能力

产品经理真正的竞争力在于拥有独特的市场视野和观点，能够从不同的角度发现市场和用户需求。不过，产品经理需要对硬件行业和产品形态有很深的积累才能拥有这些能力。

对于市场和用户需求方面，每个人的视野都不一样，并且同一个人对不同的产品有不一样的理解，所以产品的成功往往不具有可复制性，但是思路基本上是相同的。

互联网几乎把产品经理改造成了一个技术岗位，工具人类型的产品经理数量可观。低级别的产品经理把市场定位为“市场部的市场”：产品开发前端的用户及市场调研，以及竞争对手分析所需的信息基本来源于市场部的销售人员或领导的反馈，责任心强一些的产品经理会偶尔拜访客户和参加行业展会。

在传统行业中，产品经理的正统归属是市场部。从宝洁公司设立产品经理岗位时起，产品经理一直有市场导向职责，这就要求产品经理要有敏锐的市场嗅觉，这是对产品经理最基本的要求，此时的产品经理不是做产品，而是规划、管控和经营产品线。

对于传统企业而言，产品线意味着生命线，产品经理需要保证产品能被市场接受，并且尽可能地在该领域占有更多的份额。因此，传统的产品经理将更多的时间花在了市场方面，包括研究消费潮流、行业趋势、新技术方案、新物料、同业竞争、供应链、销售报表等。例如，要做什么样的新产品？市场上有 10 种新方案，选择哪种方案？怎样评估这种选择？

当然，了解行业市场不是一朝一夕的事，更没有捷径可走。一位不了解自己行业的产品经理必然是短视且有局限性的。一位充分了解行业的产品经理也不一定是一位成功的产品经理，但是他至少找到了一块成功的基石。

中国智能硬件市场发展较快，市场足够广阔，未来增长趋势可观，这是行业头部玩家纷纷入局的主要原因。

对于新产品、新方案，能不能立刻估算出其成本及利润空间？能不能相对准确地预知市场反应和生命周期，从而迅速地做出是否需要跟进的决策？如果跟进，能不能找到合适的方案和资源？是否存在更优的选择？

产品经理对市场的洞察和分析应当贯穿产品管理的每一个环节和每一个活动，产品经理要逐步培养对市场的敏感度和洞察力，通过观察和体验来积累有关整个市场或产品设计的经验。

产品经理可以通过"四看"来锻炼自己的市场思维：看趋势、看对手、看客户、看自己。

一、看趋势

（1）分析产业格局的变化带给我们的影响、机遇和挑战。

（2）分析整体的市场空间（行业的整体趋势、外部环境的影响、产业链的特征及变化趋势）。

（3）分析新技术的发展趋势及变化，以及企业在这些变化趋势中有哪些机会。

二、看对手

（1）分析主要竞争对手的战略、价值主张、竞争策略。

（2）目前的竞争格局如何？与主要竞争对手相比，我们的优劣势是什么？

（3）竞争对手有哪些值得我们借鉴的地方？

三、看客户

（1）分析客户细分的维度和标准。

（2）分析客户对产品需求的偏好及痛点。

（3）影响客户购买的关键因素有哪些？

四、看自己

（1）分析产品的经营状况和财务表现。

（2）进行产品在市场中的竞争力分析，总结企业的核心竞争力有哪些。

（3）企业的内部运营能力有哪些优势和劣势？

第三节 成本控制与产品管理能力

一、成本控制

小米不断在智能硬件市场拓展，其凭借平台和供应链渠道的优势将利润控制在5%以内，但是对于更多的硬件公司来说，低利润意味着会具有更大的生存压力。成本包括经济成本和时间成本。经济成本主要体现为物料成本、人力成本、供应链成本、生产成本等。相比互联网产品的时间成本而言，硬件产品的时间成本存在更多的不可控因素，产业链上下游的沟通效率、工厂排期、物流因素等必须考虑在内。

硬件产品经理需要了解相关的技术，最好有相关的从业背景，否则沟通成本极高。相关技术包括PCB布局布线、外观ID设计、模具设计、各种五金塑胶件工艺控制等。另外，包括库存管理、企业资源计划管理、生产排期、提高良品率等方面，硬件产品往往会涉及多组件、多物料，品类越多越容易出错。

成本意识往往是互联网产品经理缺失的，因为互联网产品是线上的虚拟服务，所以没有太多需要采购的物料，而且几乎没有库存成本。互联网产品的成本主要是人力开支，而这种成本管控的灵活度相对较高，与硬件产品相比，不可控因素大大减少。

二、产品管理

产品管理是一个越来越受欢迎的重要组织角色，对于实现创新和推动业务增长至关重要。产品管理一般通过产品经理来实现，产品经理负责产品或产品线的战略、产品路线图、功能定义。产品管理可能包括营销、预测、损益职责。

产品经理与销售、支持、营销和工程部门密切合作，以提供最佳的客户体验。产品管理涵盖从战略目标到战术活动的方方面面，包括以下内容。

（1）制定差异化的产品愿景和战略，并根据客户需求提供独特的价值，包括定义角色、分析市场和竞争条件。

（2）定义产品团队将交付的内容及实施的时间表，包括创建发布计划、捕获可操作的反馈和想法，以及确定功能的优先级。

（3）提供跨职能领导，尤其是在工程团队、销售人员和营销人员之间。其中一个关键的方面是根据产品路线图传达进度，让每个人都了解更新情况。

产品管理具体包括产品线规划、产品生命周期管理、产品版本管理、产品定价管理、产品渠道管理等。

产品线规划用来确定需不需要开发新的产品系列，开发什么产品系列，产品系列应该包含哪些产品，产品系列覆盖面够不够广。

产品生命周期管理是产品线规划的一部分，是对现存产品的行销策略。例如，上市、退市及因版本迭代造成的暂停和重启等。

产品版本管理包括硬件、固件、应用软件、BOM、测试工装等版本的管理及维护。

产品定价管理包括产品的市场公开报价、渠道价、贴牌价、返点政策、调价补贴等。

产品渠道管理包括渠道合同管理、渠道业绩评估、渠道奖惩制度等。

第四节　设计思维

设计思维首先是一个创新过程，其灵感来自对用户的同理心，其次是构思和实施。在新产品开发的过程中，它是一种引导和集中创新的手段，最终目的是促进销售额和利润的增长。

设计思维能够使团队深入洞察客户面临的问题，从而发散他们的思维，同时可以引导团队专注于制定最佳解决方案。通过与客户一起测试原型，将客户反馈纳入后续的迭代中，并允许跨职能设计团队从用户体验的角度质疑其原始假设。

设计思维的本质是以用户为中心来发现用户问题，并用设计来解决问题。斯坦福大学哈索·普拉特纳设计研究院将设计思维分为以下 5 个内容。

（1）Empathy：同理心、共情。

（2）Define：定义、确定问题。

（3）Ideate：头脑风暴、形成概念。

（4）Prototype：制作原型。

（5）Test：测试。

一、设计思维的 5 个阶段

（一）需求分析对应 Empathy 和 Define

在这个阶段，我们需要挖掘用户痛点，站在用户的角度去理解用户，获取用户的核心需求。情绪是一个人的底层操作系统，驱动一个人的是他的内在感受、情绪，理解一个人需要拥有共情力。

设计思维的第一个阶段是形成同理心，也称为“共情”，也就是我们常说的换位思考。我们要站在用户的角度来思考，体会用户的情绪和想法，理解用户的立场和感受。

只有真正理解了用户的心理，体会了用户可能遇到的问题，我们才有可能想出解决问题的办法，做出满足用户需求的设计。针对不同用户的心理需求，梳理、筛选并找出问题，重新定义项目的内容，最终用一两句精简的话来总结项目目标。

现在去图书馆借阅图书的人越来越少，如何鼓励人们在图书馆借阅图书呢？

经过同理心分析后发现，大多数人不愿意去图书馆借阅图书的原因是担心忘记并错过还书时间。为了解决这个问题，可以设计一款 App，它将帮助用户记录借书、还书的具体日期，并及时提醒用户还书的日期，这就是所谓的重新定义问题并明确目标。

（二）设计规划对应 Ideate

这个阶段需要思考产品应具备什么样的功能、应用什么技术、成本是否可控，从而形成最优的方案来满足用户的核心需求。

通过头脑风暴，尽可能多地思考解决方案，重点不在于产生一个完美无缺的想法，而是要尽可能多地、具有创意性地思考不同的创意。设计思维需要打破惯有的思维局限。

（三）实际实施与项目跟进对应 Prototype

将设计从草图落实到实物，通过头脑风暴，我们已经提出了很多的解决方案。在这个阶段，我们要从这些解决方案里找出一个最佳的解决方案并制作出最终的产品原型。

将我们头脑中的最佳解决方案具象化或实体化，制作成一个看得见、摸得着的实体产品模型，在制作产品原型的过程中继续发现问题并改进。

（四）成果测试对应 Test

通过观察用户与实物互动的过程，收集反馈信息，总结其优势和劣势，准备进行产品的迭代。对于设计师来说，容易在共情、确定问题、形成概念时出问题。这是很多设计新手在学习了基础技能（比如手绘、PS、建模、渲染）后遇到的最大挑战，他们感觉自己空有一身本领，却无法做出令自己满意的设计。

很多人认为，成果测试是可有可无的步骤，其实不然，通过成果测试得到的反馈信息往往非常具有代表性，我们既可以发现产品设计中的不足之处，也可以核对最终产品与早期设定的目标是否一致。

二、培养设计思维

培养设计思维主要从微观体感（共情力）、确定问题、形成概念 3 个方面入手。

（一）微观体感（共情力）

微观体感的内容包括咨询、观察、参与和理解用户的经历与动机，以及将自己沉浸在物理环境中以更深入地了解所涉及的问题。

微观体感对于以人为本的设计过程而言至关重要，可以让设计思考者抛开自身对世界的假设，深入了解用户及其需求。简单地概括，就是站在用户的角度思考问题，而不是站在专家或设计师的角度思考问题。

1. 应用峰终定律，提升产品体验

峰终定律是一种认知上的偏见，会影响人们对过去的事务的记忆。在过去发生的事务中，特别好或特别糟糕的时刻，以及结束的时刻更容易被人们记住。在人们的记忆中，对事物的体验往往决定于正向或负向的峰值和结束时的感觉，而不是平均值。

峰终定律应用的一种典型场景就是坐过山车，很多人去过游乐场，坐过山车前可能需要排队 30 分钟，节假日时可能需要排队几个小时，而真正的体验时间只有大约 1 分钟。

然而，当我们再次回想这个过程时，我们对过山车的印象主要是到达游乐设施顶端时俯冲的刺激感和结束时的兴奋感。更多的时候，我们更关注结束时的刺激、惊险、兴奋，并会淡化排队的痛苦过程。

在宜家购物的时候，为了寻找一个小的物品，我们需要绕着宜家走一圈，寻找物品的体验较差，而且有时候需要自己搬运家具。但是在整个过程中，我们观看样板间展示的产品、享受较好的产品体验（峰），结束时享用 1 元的冰激凌（终），会让我们觉得整体的体验是不错的，愿意下次再来。

假如我们在购物的开始享用 1 元的冰激凌，结束时搬运物品和排长长的队付款，那么我们的购物体验将大打折扣。

2. 情感化设计

我们已经从信息爆炸时代过渡到信息过载时代，面对的是一个物质和信息都极其丰富的世界。从产品竞争的角度来说，出现越来越激烈的对抗和冲击是必然的，许多产品已经从单纯的“谈配置”过渡到“谈感情”的阶段。

情感和情绪无处不在，情绪是生物性的，是人对外界直接的心理反馈，很

多时候会被视作理性认知和逻辑思考的对立面。理性认知和逻辑思考让我们拥有了分析和思考能力，而情绪、情感和本能构成的复杂系统则让我们的决策更加完善。

现在的“emoji”表情异常火爆，其中的任何一个表情都比文字更易于传达情感。喜欢还是不喜欢，高兴还是不高兴，生活中的决策过程充满了情绪的痕迹，而情绪确实可以帮我们更快地对外界信息做出反应。

心理学上将大脑对外界的反馈和认知划分为3个不同的层次：本能层次、行为层次、反思层次。这3个层次是人类大脑的运作规律。

（1）本能层次。本能层次涉及人类的生物性本能，如对危险的规避、恐高等，本能是先天的。

（2）行为层次。行为层次是控制人们日常行为运作的层次，它同样是无意识的，与整个情感系统有紧密的关联，让我们的身体做好准备应对特定的场景，并做出适当的反应。

（3）反思层次。反思层次连接着我们的认知和思考，它通过理性思维和逻辑推导帮助我们理解世界。生存比理解更重要，所以情感比认知更快地帮我们做出反应。

本能和行为是两个截然不同的概念，但是两者有诸多的关联。和行为一样，本能是无意识的，但很容易受到经验、训练、教育甚至文化观念的影响。

在伴随Windows系统成长起来的用户中，相当多的一部分中国用户有在等待系统响应过程中不断点击鼠标右键刷新的习惯。这样的行为当然不是先天的，而是后天养成的，需要一段时间的适应、学习，然后才能形成半固化的行为习惯。

有意思的是，这3个层次的心理行为在很多时候是交织在一起的。点、按、触摸是我们在好奇心的驱动下探索世界的本能操作，在打开一个新的页面、新的应用时，我们会下意识地使用这样的方式来进行基本的探索。在探索过程中，以往的经历和经验开始无意识地驱动我们做决策。

情绪的两个方面——正面情绪和负面情绪都是设计师可以借用的利器。随便打开一个应用，优雅的界面令人愉悦，细腻的效果给人惊喜，悦耳的铃声不会令人紧张等。无论是App、网页，还是物理产品，它们的设计都和情绪密切相关。

情感化的设计的基础是从基本的本能、行为、反思层次入手，它们能够让你更好地思考设计，在研发和测试中更好地观察用户、印证想法。

（二）确定问题

在确定问题阶段，设计师需要提出可以帮助我们寻找解决方案的问题，这个问题包括用户、功能、特色。

（三）形成概念

确定了具体的问题，我们就可以“跳出框框思考”，针对确定的问题制定新的解决方案，形成概念。在这个过程中，我们需要提出尽可能多的解决方法，传统的解决方法有头脑风暴法和奔驰创新思维法。

第五节　需求挖掘与商业模式分析能力

一、客户需求挖掘

“如果我当初问人们想要什么，那么他们只会告诉我想要更快的马。”这句话经常出现在与客户需求相关的讨论中，你可能会从这句话中得出客户的需求是“速度更快的交通工具”。

客户的需求真的只是“速度更快的交通工具”吗？如果客户想用更快的速度见到自己的恋人，那么这就是他的真实需求。如果客户想在女朋友生日当天送一束鲜花，那么他还需要更快的交通工具吗？提前和花店预约送货上门可能是更好的解决方案。

你应当根据客户需要完成的任务提供不同的产品或解决方案，这里所说的任务是客户的真实需求。按照JTBD理论来说，客户购买产品是为了完成一项或多项任务，这些任务叫作目标任务。客户的目标任务（见图10-3）包括功能型任务和情感型任务，情感型任务可以分为个人情感和社会情感。

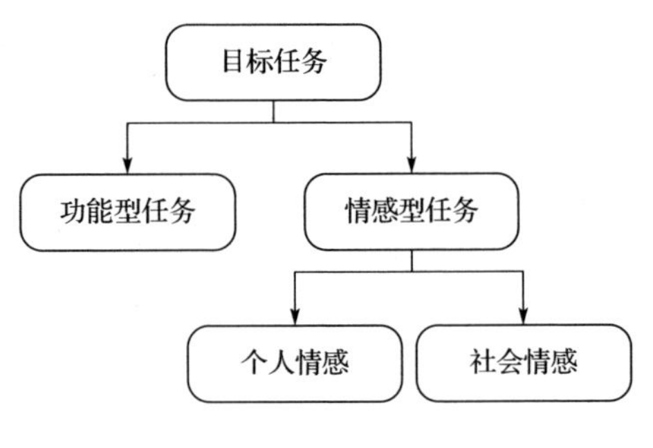

图 10-3 客户的目标任务

下面列举两个例子。

（1）客户购买电钻是为了在墙上钻孔，钻孔是为了挂结婚照（功能型任务），挂结婚照的目的是向爱人表达自己对爱情的忠贞（个人情感），同时向来家里拜访的亲朋好友晒幸福（社会情感）。

（2）客户购买割草机是为了平整后院的草坪（功能型任务），草坪被修剪得整整齐齐，是为了与家人一起享受美好时光，增进与家人的情感（个人情感），同时向邻居和来访的亲朋好友展示我们是干净、整洁、勤快的一家人（社会情感）。

正是基于对目标任务特别是对情感型任务的理解，对于第一个例子中的客户来说，向客户提供晒幸福服务的产品除了电钻，还可以是强力胶水，以及一台可以动态循环播放多张结婚照的投影仪。在第二个例子中，除了向客户提供割草机，还可以向客户提供一些长不高的草种子，这样就可以避免需要频繁修剪草坪的麻烦。

每个成功的产品都会有明确的目标客户，这样才能进一步确定客户的目标任务。如何找到目标客户呢？在传统的消费类行业中，通常来说，第一步是进行市场细分。

市场细分可按照客户的特征进行，如 To B 市场客户的规模、行业、决策类型、运营变量、IT 背景、销售额等。从客户的特征出发最终得出的市场细分情况与实际的需求情况类似。也可以按照客户购买产品的原因来细分，如客户购买产品的用途、对营销活动变化的反应等。

例如，客户使用拼多多和京东，虽然都是在网上购物，但是客户的购买原因却迥然不同。

使用拼多多的客户群追求极致价格，对产品质量的要求可能不高。使用京东的客户群对质量和品牌有一定的要求，且希望物流快速、便捷。

从实际的需求情况出发，最终得出的细分市场中客户的特征会重复。

企业基于细分人群特征和需求，结合竞争定位、企业战略等，进行目标客户的选择。客户除了想要完成更多的任务，还想以更快的速度、更好的质量和更低的成本完成任务。客户会用一系列的指标来衡量任务的完成情况，这些指标就是客户期望的目标成果。

还是以上面的“速度更快的交通工具”为例来说明客户的目标成果。假设客户的目标任务是用更快的速度见到女朋友，客户跟女朋友之间距离的不同决定了客户对“速度更快的交通工具”期望的目标成果的不同，如表 10-1 所示。

表 10-1　目标成果

客户需求		速度更快的交通工具		
目标任务		需要速度更快的交通工具与女朋友相见		
目标内容	出发地	广东深圳	河北保定	北京海淀区知春路地铁站
	目的地	北京	北京	北京海淀区大钟寺
	目标成果	1000 千米 / 时	100 千米 / 时	10 千米 / 时
	解决方案	飞机	自驾	自行车

1000 千米 / 时、100 千米 / 时或 10 千米 / 时都是客户根据自己要完成的目标任务在心中给出的衡量标准或期望结果，即目标成果。客户需求挖掘的很大一部分工作是要清晰地定义客户对更快、更好、更省的衡量标准是什么，有了这些衡量标准，才能从客户的角度对产品创意和概念进行量化评估。

客户要完成一项任务，会受到诸多条件的限制（经济上的、个人能力上的、宗教影响上的限制等）。如果客户的目标任务是尽快地从广东深圳到北京去见女朋友，目标成果当然是越快越好，于是我们提供的解决方案是建议客户坐飞机，但是对于一个月收入只有 3000 元，在餐厅做服务生的小伙子来说，花费上千元买一张飞机票从经济上来讲有点困难，这就是这位客户完成目标任务的限制条件。

这些限制条件往往是导致客户体验差的真正原因，因此，产品设计要降低客户首次使用产品的学习成本，降低产品对使用环境的要求，减少客户在使用产品过程中的障碍等。概括起来为以下 3 点。

（1）目标任务：客户购买产品是为了完成任务，关注焦点不是客户，而是任务。

（2）目标成果：客户会用一系列指标衡量任务的完成情况和效果。

（3）限制条件：为了更多、更快、更好、更省地完成任务，客户会面临诸多（如费用和能力等）限制条件。

二、商业模式分析

商业效率较低的情况下，销售任何产品都要经过很多个环节，产品被卖到消费者手上的时候会产生很高的溢价。

以大蒜为例，河南中牟县是我国的大蒜之乡，大蒜每年销量在 10 万吨以上，其中出口量占比高达 1/3。大蒜从出土到被卖到消费者手上需要经历很多个环节，每一个环节都有成本、利润，溢价现象可想而知，大蒜的商业环节如图 10-4 所示。

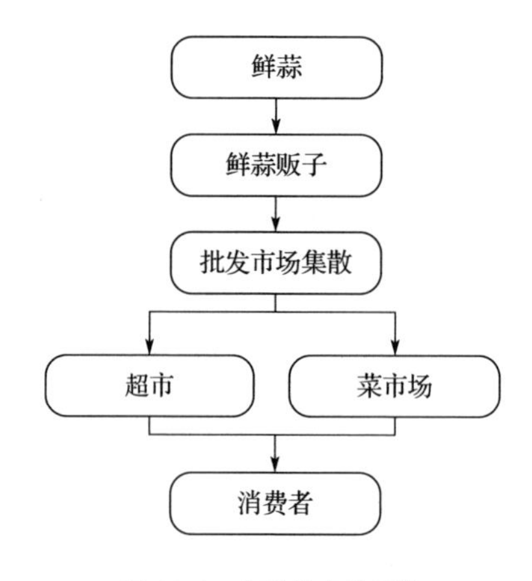

图 10-4 大蒜的商业环节

商业效率较低的时候，为了降低产品价格就一定得降低产品成本。例如，在某商场，男士衬衣最贵的生产成本是 120 元，最便宜的生产成本是 15 元，产品在商场的销售价格是1500元起；女鞋的销售价格是成本的8～10倍，化妆品的销售价格是成本的20～40倍，客户买到的商品的成本是非常低的，但是溢价很高。遗憾的是，好像每一个环节都不赚钱，一个成本10元的商品卖给消费者的价格为几百元甚至上千元，最后商家仍不赚钱。

问题出在什么地方呢？因为每一个环节的效率都很低。商品的销售价格是成本的十几二十几倍，消费者嫌贵不愿意买单，去商场购物的人就少了，商场卖出的商品也就少了，摊销不掉成本，导致每一个环节都不赚钱，商场就要求继续提高商品价格，成了死循环。

商品价格＝原材料及制造成本＋研发分摊成本＋市场推广及广告成本＋销售及渠道成本＋利润

商品能产生溢价不外乎两个方面的原因：距离和时间。以烟台苹果为例，因为烟台盛产苹果，所以当地苹果的价格很低。如果将苹果运到海南去销售，由于距离遥远，需要冷藏保存，那么销往海南的苹果的价格就会高好几倍。

销售会有一个周期，就是需要花一些时间把苹果卖出去，这个过程会产生损耗和销售成本。因此，对于销售苹果来说，最大的成本不是苹果本身，而是距离和时间产生的成本。

如何解决商业效率低的问题呢？

以小米公司为例，小米把自己的商业模式定义为“铁人三项”，即硬件、新零售、互联网。互联网大大减少了价值传递的环节，对于同样品质的商品，因为传递成本下降，大家可以买到更低价格的商品。

1）零渠道预算，成本定价

小米最大限度地压缩所有的过程，压缩完之后将所有的成本用来研发产品，所以初期的小米不投任何市场广告，而是通过自建网站卖手机，广告费全部省掉，做到了零渠道预算、成本定价。这就是为什么小米要进行硬件产品研发，还必须要进行零售业务。

2）以互联网服务获取利润

如果小米和一家标准的硬件公司一样严格限制毛利率，那么它很难获得持续发展。硬件产品不赚钱，就靠服务和增值赚钱，放弃传统的线下渠道，靠电商直销渠道，以社交媒体为核心，以口碑为王。

商业模式包含 9 个要素：重要合作、关键业务、核心资源、价值主张、客户关系、渠道通路、客户细分、成本结构、收入来源。小米的商业模式画布如图 10-5 所示。

<table>
<tr>
<td rowspan="2">【1KP 重要合作】
供应链公司：原材料供应商、生产制造商
生态链公司：华米、极米等
第三方电商：京东、淘宝、拼多多等</td>
<td>【4KA 关键业务】
硬件生产制造：手机、智能硬件
新零售：线上网店、线下门店
互联网及金融投资：用生态链完善产品组合</td>
<td rowspan="2">【3VP 价值主张】
做撼动人心、价格优惠的好产品</td>
<td>【7CR 客户关系】
自助服务：官网、线上电商、客服
社区：用户论坛、社群
线下门店：小米之家</td>
<td rowspan="2">【2CS 客户细分】
大众市场：高配置、低价格，满足大部分年轻客户的需求
多元化市场：经营业务多元化，销售手机周边商品，满足不同的客户需求</td>
</tr>
<tr>
<td>【6KR 核心资源】
知识性资源：知识产权、专利、用户数据
团队、资本</td>
<td>【5CH 渠道通路】
砍掉传统线下渠道，电商直销
自建渠道：小米商城、小米有品、小米之家
第三方渠道：京东、淘宝、拼多多</td>
</tr>
<tr>
<td colspan="4">【8CS 成本结构】
原材料及制造成本、研发分摊成本、市场推广及广告成本、销售及渠道成本
小米商城、小米有品
淘宝、京东、拼多多
小米之家
物流成本</td>
<td>【9RS 收入来源】
增值服务、广告
硬件销售
投资
品牌使用</td>
</tr>
</table>

图 10-5　小米的商业模式画布

生意的本质是流量，推出爆品是流量获取成本最低、性价比最高的方式。小米的爆品是小米商业模式的一个重要组成部分，也可以说是小米商业模式的产物。

小米最早做的产品其实不是手机硬件，而是即时通信软件——米聊，米聊一开始发展得不错，但是不久之后腾讯推出了微信，开启了“摇一摇”狂跑模式，米聊被迅速超越。

后来，小米推出了基于Android（安卓）系统的MIUI系统，由于原生的Android系统不太好用，良好的人机交互让MIUI系统成为极客们的首选。

2011年，凭借移动互联网的巨大风口，前期米聊、MIUI系统积累的用户口碑，雷军的个人影响力，以及1999元的价格优势，小米手机横空出世，成为中国移动互联网史上最重要的事件之一。小米获得了巨大的成功，雷军成为许多创业者的偶像。小米一直坚持做一家互联网公司，而不只是做一家手机公司。

衡量互联网公司大小的第一个因素是用户数，腾讯依靠微信、游戏等吸引了十几亿用户，百度搜索的用户数也是以亿为单位计算的。

小米的商业模式的核心是用户，围绕用户来打造整个小米商业模式。小米坚持做一家互联网公司，就是要想尽办法把用户量做大。50亿的用户量是雷军提出来的一个期望，或者说是一个梦想，只靠手机一项业务肯定是不行的。没有一家手机公司可以做到拥有50亿用户，三星不行，苹果不行，小米也不行。所以要达到这个目标，必须有新的策略。小米的策略就是卖手机的周边产品和用户需要的产品。

小米从米聊、MIUI系统开始，就积累了百万级的用户数，后来通过做手机产品，获得了上亿用户。小米做盒子、做电视，是为了获取家庭用户，而路由器是用户上网的第一个入口。小米网是当年手机产品的副产品，它迅速成长为中国第三大电商（后被拼多多等超越），这在当年是一个巨大的电商用户入口。

后来，小米开始做生态链产品，比如手环、充电宝、耳机、插线板，将很多不是小米手机、小米电视的用户吸引进来，使用户群体迅速扩大。小米又通过和淘宝、京东合作，将那些用户群平台的用户转化为小米的用户。

通过这样不断地累积，小米的用户数快速增长。2019年第一季度，小米MIUI系统的月活跃用户数为2.61亿，智能电视及小米盒子的月活跃用户数为2070万，IoT平台连接设备数量高达1.71亿台，小爱同学的月活跃用户数超过4550万台。

企业要正常运转，只有用户是不行的，还必须有利润。有了用户却不能变现的商业模式不是好的商业模式。

小米是怎样获取利润呢?

第一个数字，就是月活跃用户数（MAU），也就是每个月有多少位用户在使用小米的产品。以小米手机为例，小米 2019 年第一季度的季报显示小米 MIUI 系统的 MAU 是 2.61 亿，那么每天有多少位用户在使用呢？做一个简单的推测，由于手机用户的活跃度很高，MAU 除以 2（仅做估算），那么日活跃用户数（DAU）就是 1.3 亿。

第二个数字，就是每天每个人使用手机的次数。不论用户打电话、用微信、看视频还是购物，只要使用一次都会计算在内。据不完全统计，中国手机用户平均每天使用手机大约 150 次。

第三个数字，就是广告单价。也就是说，如果每次打开网页的时候都会出现一条广告，那么每次弹出广告的单价是多少？

这种广告是怎样收费的呢？

最普遍的标准就是每千次展示收费（CPM）。一般来讲，开机广告比较贵，CPM 为 30 ～ 50 元，当然每个应用的差异很大，有的只能把 CPM 做到几元。按照 50 元来计算，折算到每一次展示收费就是 5 分钱。将 3 个数字相乘，每天 1.3 亿用户，每个用户每天使用 150 次手机，每一次的广告费为 5 分钱，可计算出：1.3 亿 ×150 次 / 天 ×0.05 元 =9.75 亿元 / 天。

用户量越大，越有机会变现，而且随着用户量的增多，利润也是惊人的。当然，不是只有开机广告这一种变现模式，我们的手机里有很多应用，比如浏览器、应用商店、视频等，都是可以运营的，都是可以获取利润的。

小米通过把硬件产品做好、降低利润来获取用户，并获取互联网流量，最后进行互联网变现。从这个逻辑来看，小米卖硬件产品是为了获取用户，真正的利润来源于互联网变现，这才是小米商业模式的核心。

第六节　产品规划能力

产品规划从本质上来说是一种推演能力，是根据第一性原理推演产品从 0 到 1、从 1 到 100 的过程。如果说一款产品是一个点，那么产品规划就是通过构造一种系统能力，从而实现企业最终的商业目的。

第一性原理是埃隆•马斯克非常推崇的一种思维模型。企业愿景对应的是企业的第一性原理，围绕第一性原理激发资源优势、细分产品目标，最终实现企业目标。第一性原理的本质是从规律出发推演事件的发展，最终达到目的。

产品规划是市场、管理、研发、生产、运营及销售等部门共同参与的活动，产品规划是公司战略的具体表现形式。

产品规划包含 5 个要素：企业愿景、产品定位、产品主线、产品目标、版本规划。

一、企业愿景

进行产品规划首先要明确企业的愿景、使命、价值观和发展战略。企业愿景是指企业家对企业的前景和发展方向的一个高度概括的描述，包含以下两个方面的内容。

（1）企业的核心理念：核心价值观、核心目的。

（2）企业对未来的展望：未来 10 年至 30 年的发展目标和对目标的生动描述。

有了企业愿景，团队就有了一个共同努力的目标，就知道现在和未来该往哪个方向努力。企业使命表示企业为了实现企业愿景应该扮演的角色和担当的责任，也就是说，为了达成企业愿景，企业应当成为什么样子、做什么事。企业愿景反映了企业的经营领域和经营思想，明确了企业的发展方向和核心业务，并为企业树立良好的形象。

二、产品定位

在产品定位之前，先要完成目标市场定位，即企业的目标用户群或目标消费市场有什么样的核心需求。

产品定位是指企业用什么样的产品来满足目标市场的核心需求，即产品的价值主张是什么。产品定位是将目标市场定位产品化的过程。因此，我们在进行产品定位时，首先，应当明确目标用户群体是谁，他们有什么样的问题和核心需求。其次，结合企业的实际资源情况，明确我们可以为他们提供什么样的服务或产品，带来什么样的价值。

产品定位至关重要，因为后面的产品规划和产品设计都是根据产品定位展开的。这意味着我们要找准用户的痛点、最强烈的需求，并且确保产品可以真实地解决用户痛点。最好的情况是，用户愿意为产品的核心价值消费。

衡量产品定位是否有发展前景，可以参考以下 4 个方面。

（1）用户有很强烈的需求，产品可以真实地解决用户痛点。

（2）产品的业务规模可以增长得非常大。

（3）产品有很好的预期资本回报，投入的资源能得到很好的回报，为企业带来商业价值。

（4）产品经得起时间的考验，可以持续地为用户、企业提供价值。

三、产品主线

产品主线是指企业要根据企业愿景和产品定位划分产品阶段，确定每个阶段的时间范围、目标和里程碑计划，以及每个阶段的产品策略。

（1）划分产品阶段：先确定每个阶段的目标是什么，再根据阶段目标为产品制订里程碑计划，里程碑是为了实现目标需要完成的活动和事情。

（2）确定每个阶段的产品策略：产品在不同阶段有不同的目标，因此会有不同的产品策略。产品策略是为了实现目标而制定的行动方针，简单来说，就是明确我们应该怎么做，用什么策略去实现目标。产品经理需要熟悉产品策略。

产品的整个生命周期如下。

（1）产品引入期会使用 MVP 策略：使用 MVP 快速验证市场，获取初期用户。

（2）产品成长期需要快速扩张，获取大量的用户，提升活跃度和留存率。这个阶段会采用很多增长型策略，也会考虑采用防御型策略，让自己的劣势最小化并努力避免出现风险。

（3）产品成熟期需要获取营业收入，会有很多商业性的策略，也会进行多元化经营，努力让优势最大化，降低风险，消除威胁因素。

（4）产品衰退期可以采取几种不同的对策：可以设法促进用户消费获取一

些营业收入，也可以设法延长产品生命周期，如增加产品用途、带来新的产品价值，还可以在适当的时机果断地淘汰老产品、推出新产品，实现产品的更新换代。

四、产品目标

在规划产品主线时，我们需要同步制定产品目标，这个环节的步骤如下。

（1）先明确产品要达到的长远的、宏大的目标，再确定产品每个阶段的目标。

（2）将阶段目标拆分为更细化的目标，即小一点的可量化目标。

（3）与细分目标状况相比，当前状况怎么样？

（4）为了实现目标要采取一系列行动，行动要以所处的产品阶段的产品策略为指导。

我们在确定产品目标时，需要遵从 SMART 原则，即目标是具体的、可衡量的、可达到的、与其他的目标具有相关性、有明确的期限。

另外，我们还要多维度地考虑以下 3 个方面的内容。

（1）产品目标：注册量、活跃用户数、用户黏性、功能完善度等。

（2）收入目标：要实现多少营业收入。

（3）市场份额目标、市场占有率要达到多少。

需要注意的是，产品目标和产品主线是同步进行的。在划分产品阶段的时候，要确定目标、里程碑计划、策略，也要确定细分目标和要采取的一系列行动。

五、版本规划

版本规划是针对产品主线在各个产品阶段中的目标所进行的产品功能规划，版本规划在时间线上与产品整体方案设计是并行的，需要先经过需求分析和优先级排序，再规划版本功能。

如何确定版本规划的内容？

（1）需求汇总分析：根据收集的需求进行分类整理、优先级排序，规划接下来几个版本要做的事情。

（2）进行周期性的数据分析：对产品线的数据情况进行分析总结，根据数据规划接下来要做的事情。

（3）根据高层领导分解的战略和目标规划要实现的产品功能。

如何进行版本规划呢？

（1）版本目的：此版本要满足什么需求？可以解决什么问题？有哪些用户价值或业务价值？

（2）版本范围：此版本需求涉及哪些产品端和模块？要实现什么功能？

（3）确定版本的时间周期和交付的时间节点。

第七节　运营与竞品分析能力

一、内容运营

对于初创硬件公司来说，产品的高成本与高投入意味着公司只有有限的试错成本。公司需要从一开始就考虑运营、渠道建设，这样可以获得更多的成功。

做内容与做产品类似，以公众号为例，可以把每一篇文章看作一个小的产品，而公众号本身就是你要维护的整个产品线，你需要确定的是产品线的愿景、使命和目标。也就是说，在开始动手写作之前，你需要确认的是做公众号的初衷和目标。

以笔者为例，笔者有个学习习惯，就是接触任何一种新知识后，都会总结一下写出来，觉得这样做才更完整、更有意义。

另一个好处就是查阅起来很方便。以笔者的技术博客为例，从工作到现在已经累计写了 300 多篇技术总结，它成了笔者的一个技术知识库，可以随查随用，同时为越来越多的人答疑解惑。

这是笔者坚持写作的初衷，也是实现知识内化和辅助记忆的好方法。与其进行封闭式的总结，不如分享出来惠及大家。因为笔者始终相信，在职场和生活中，总会有人面临与笔者同样的困惑或难题。

当然，做内容会涉及目标读者的选择问题，有的话题关注的人多，如明星娱乐，有的话题关注的人较少，如笔者是一位硬件专业类职场人员代表，代表了一小部分人的市场需求，虽然是小众群体，但是可以做成精品。

回归正题，运营一个账号的正确做法是什么？

首先是找到文章创意。对于内容创作而言，这是最重要的一步。

然后是选择内容主题或利基市场（目标读者群体），这将决定后续的工作。实际上，对于你可能感兴趣的每个主题，都有读者市场。但是有些主题往往表现得更好，你需要找到既吸引读者又吸引自己的主题，你的兴趣与其他人的兴趣的交集就是你的利基市场。利基市场的来源如图 10-6 所示。

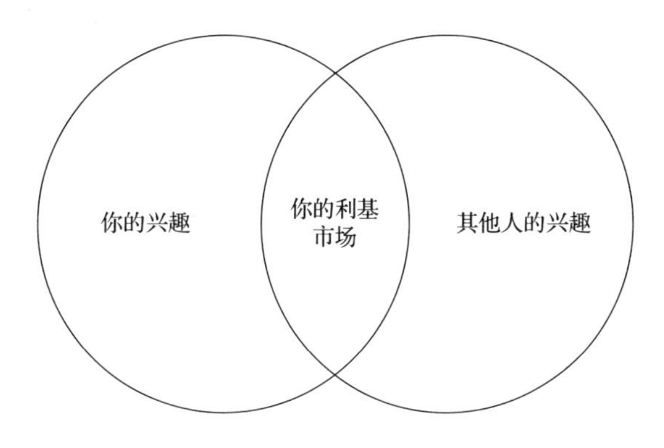

图 10-6　利基市场的来源

也就是说，如果你要找到理想的内容主题，就需要回答以下两个问题。

第一个问题：你对什么感兴趣？或你喜欢什么主题？换句话说，就是你沉迷于什么？

这是你的内容细分市场的基础，如果你不喜欢这个主题，就很难坚持下去。为了解答这个问题，你可以从以下几个方面考虑。

（1）才艺：你有天赋吗？比如运动、游戏或乐器等。

（2）专业知识：你积累了哪些技能和知识？比如写作、旅游，甚至是汽车维修方面的知识。

（3）职业：你当前的职业可能是一个很棒的内容主题。例如，如果你是一家初创硬件公司的开发人员，就可以撰写有关开发或技术方面的内容。

（4）爱好和激情：你是否喜欢主动学习一个主题的内容？想一想你在空闲

时间做的事情，也许是在看书，或者正在写科幻小说，甚至是在打游戏。

写下你感兴趣的 10 ～ 15 个内容主题，它可以帮助你保持思路清晰。

第二个问题：其他人对什么感兴趣？

你需要找出其他人感兴趣的内容，否则，你可能会发现自己写的内容无法吸引很多读者。例如，你可能认为有关“狗的特点”的文章会非常有趣，但是这会吸引很多读者吗？同样地，有关如何照顾和训练狗的内容可能会吸引更多的读者。

你需要发挥个人兴趣，并找到一种使之变得通用的方法。回想一下，你最初是如何对该主题产生兴趣的？你是如何收集有关该主题的专业知识的？

请你想一想起步时遇到的所有问题和困惑，以及什么可以帮助你获得专业知识。以下是一些效果很好的热门类别。

（1）个人财务。

（2）健康。

（3）网上业务。

（4）投资。

（5）生产率。

（6）房地产。

（7）求职面试。

（8）考试准备。

（9）自由职业。

使用百度指数等各类关键词搜索工具可以查看人们搜索特定类别和细分市场的频率，它体现了人们对特定类别和细分市场感兴趣的程度。

二、竞品分析

公司进行竞品分析是为了从竞争者那里争夺用户，用户想把公司归到哪一类，公司就应该在该范围内去寻找自己的竞品。

将竞品定义为同行的产品这个思路，是公司进行的归类，而不是按用户的认知进行的。公司要做的第一件事是重新定义用户视角下的竞品分类。例如，你开了一家餐饮店，以炸鸡为主。也许在你的认知中，你的产品是餐饮，竞争对手是附近的餐厅。在用户心目中，你的产品是零食。当他想看球、追剧的时候，你的产品才会进入他的视线，这时你的竞品可能是薯片。所以，公司必须从用户的视角去看其到底是在跟谁竞争。

例如，有个亲戚请你帮忙推荐一款手机，你会怎么做?

（1）明确需求（目的）：了解他对手机的需求、预算、喜好。例如，他的预算在 1500 元以内，主要用来看视频、拍照。

（2）锁定目标品牌：锁定几个目标品牌，如小米、华为、OPPO、vivo 等。

（3）如何选择? 首先，明确用户关注的方面，如价格、配置、外观、拍照功能等。其次，通过多种渠道收集用户关注的信息，如上网搜索、去实体店体验、朋友推荐等。最后，对收集的信息进行比较分析，如通过横向比较确定性价比最高、最符合用户需求的一款手机。

明确为哪种产品做竞品分析，这样通过竞品分析输出的成果才能有针对性地为该产品提供价值，同时，在不同阶段做竞品分析的目标与侧重点不同。

（1）产品发展阶段：在品类不同的发展阶段，用户对品类的认知不一样，竞品选择策略也不一样。

（2）产品开发期：明确产品为什么做? 做什么? 怎么做?

（3）产品引入期：在这个阶段，用户对新品类的认知刚刚起步，绝大多数用户根本不知道新品类的存在。所以，要想迅速地占领市场，最佳方式就是对标人们已经认知的老品类，以老品类竞品的身份出现更容易获得用户关注。

例如，家用汽车刚进入市场的时候就绑定了马车这个老品类，从用户熟悉的马车入手，告诉用户自己是更快的“马车”、是不用马拉的“马车”，从而快速地从马车市场中抢占市场份额。如果一遍遍地强调自己的家用汽车是某某牌汽车，那么用户很可能会因为听不懂而无法与之产生进一步的连接。

（4）产品成长期：进入产品成长期，就意味着市场上的消费者已经有部分用户了解了这个品类的产品，但是对于成熟的品类来说，这个品类的普及程度还远远不够，品类的市场份额需要进一步扩大。

还是以家用汽车这个品类为例，假设 A 为领导品牌，它的竞品很可能是马车，因为它此时依然要扩大整个品类的市场，将拥有庞大用户群的马车作为竞品是最容易显现效果的。对于在家用汽车领域排名第二、第三的品牌而言，也许抢夺品牌 A 的潜在用户（已经知道家用汽车这个品类，对家用汽车这个品类有需求，但对品牌还没有概念）就足够了。

（5）产品成熟期：目标市场绝大多数的消费者已经熟悉这个品类，而且品类的需求增长逐渐缓慢，总体的市场容量保持不变或小幅增长。在这种情况下，企业的主要竞品可以以同行其他品牌的产品为主。

例如，在家用汽车这个品类中，不同的品牌代表不同的特性，就是和别的品牌有什么不一样，如沃尔沃代表安全，宝马代表驾驶的乐趣。可能还有消费者认为，日系品牌代表省油等。

（6）产品衰退期：消费者对这个品类的需求快速下滑，甚至出现新品类替代原有的老品类且趋势明显的情况，此时对于该品类的企业来说，就不是选哪个品牌的产品作为竞品的问题了。当务之急是换一个赛道，寻找新的定位机会。例如，通过对品类某些特性的创新，创造新的消费场景，或者通过品类分化占领新的市场机会等。产品所处的阶段决定了你使用的竞品策略。

第十一章
产品经理进阶之路

第一节　做产品的 4 个阶段

做产品至少需要经历 4 个阶段，分别是工具人阶段、套路阶段、流程阶段、方法论阶段。

一、工具人阶段

以笔者为例，在刚开始做产品时，由于对产品设计没有系统化的框架认知，在很长的一段时间内陷入了对工具的痴迷中，将很多精力消耗在了学习、使用工具上，这个时候的笔者就处于工具人阶段。这些工具包括以下 6 种。

（1）图像处理软件：Photoshop。

（2）2D 图绘制软件：AutoCAD。

（3）3D 建模软件：Proe、Rhino（犀牛）。

（4）原型设计软件：Axure。

（5）3D 渲染软件：KeyShot。

（6）原理图 / PCB 设计软件：Altium。

通过灵活运用这些工具可以大大提高工作效率，笔者在工具人阶段使用这些工具成功申请了多个实用新型专利，并且制作了多款产品的高保真原型图。

二、套路阶段

在设计产品的过程中，人们会有意识地使用一些产品套路（特点是容易量化、可操作性强）。套路可以让你更有章法地展现自己。如果用来找工作，则更容易赢得面试官的认可，在能力上可以使你成为在系统内按指令行事的公司中层管理人员。

大公司拥有成熟的人才培养体系，能系统地培养某一类型的人才，说明这家公司在这个领域有与众不同的套路。例如，联想的销售人才、腾讯的产品经理、阿里巴巴的运营人才、百度的技术人才。同时，大公司会深深地将人角色化，让你成为系统的一个角色，习惯在系统内生存，如华为的螺丝钉文化。

产品套路包括以下内容。

（1）用户画像、用户痛点和痒点、整体流程图、用户体验地图、服务蓝图。

（2）用户需求、产品策略、功能定义、流程图制作、产品原型制作。

（3）项目管理、数据分析、产品运营。

三、流程阶段

经过多个项目的洗礼，熟练掌握产品从定义到生产上线的全流程，形成一套体系。

四、方法论阶段

在该阶段，你可以通过将历史经验转化为自己特有的产品方法论，用于指导未来的产品设计，做到以不变应万变。结合笔者的工作经历，发现“势道法术器”的理念刚好可以满足方法论建设的需要。

“道”是在万物变迁循环中亘古不变的规律，在个人层面就是人生境界和价值观，判断好坏美丑的标准，是生来就有的天赋，不易改变，只能长期领悟。

“法”是一套规则体系和原理原则，是实现价值观的指导方针和思路，可随着事物内在的变化规律而变化，可通过对长期实践的思考和归纳总结得出。

“术”是在规则体系指导下的具体的操作方法，指导原则（法）可以不变，具体的方法可以千变万化，术可以通过练习获得，也可以通过对法的推理而产生。

“器”是产品、工具，是道的法理中的一种产出结果。我们经常说的“以器载道”，就是物理上能体现的东西。

势道法术器如图 11-1 所示。

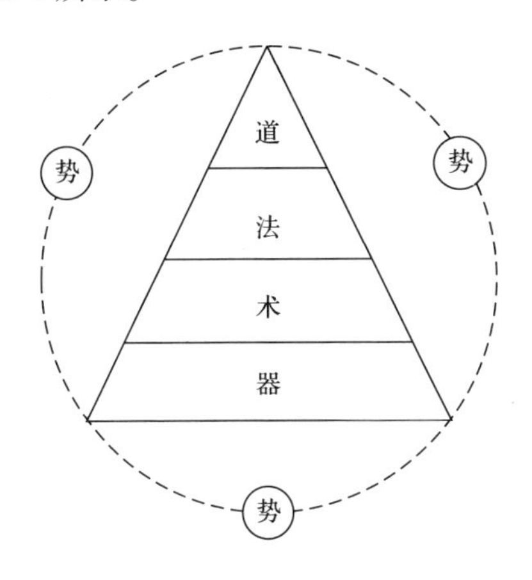

图 11-1　势道法术器

例如，我们要制作一把令人舒服的椅子，必须符合“人体工程学”（道），椅子必须“平稳、安全”（法），经过制作（术）后，成了一把舒服的椅子（器）。

再如，进行竞品分析的“道”“法”“术”“器”分别为以下内容。

道：知己知彼，百战不殆。

法：流程，比如竞品分析流程的 6 个步骤（明确目标、选择竞品、分析维度、收集信息、整理分析、总结报告）。

术：方法，比如 PEST、SWOT、矩阵分析法等。

器：工具，比如精益画布、竞品画布、战略画布、产品画布、商业模式画布等。

接下来的几节内容分别从构建知识体系、产品方法论、个人职业发展 3 个角度来谈一谈“势道法术器”的应用及价值。

第二节　构建知识体系

可以说未来的竞争是学习能力的竞争，知识发挥的价值将最大化，建议你将知识内化为系统能力来应对更多的不确定性。

知识的发展分为以下 4 个阶段。

第一阶段，将知识运用于生产工具，称之为工业革命。

第二阶段，将知识运用于工作，称之为生产力革命。

第三阶段，将知识运用于知识自身，称之为管理革命。

第四阶段，将知识直接运用于人本身，将知识转化为可以灵活解决问题的智慧，即知识革命。

前 3 个阶段淘汰的是工具、流程和方法，第四阶段开始淘汰人，因为工具、流程和方法都可以智能化，唯一不能智能化的就是人的创造力和智慧。拓展知识的深度和广度，将知识内化成智慧，才能真正提升自身应对不确定性的能力。本节从第一性原理的角度入手，来讲讲构建知识体系的原则及方法。

（1）构建原则：体系化、流程化、可视化。

（2）构建方法：从“势”“道”“法”“术”“器”的角度推演知识搭建的过程。

知识体系构建框架如图 11-2 所示。

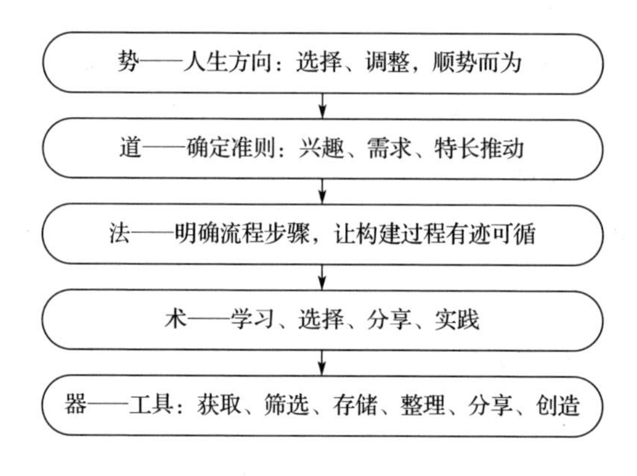

图 11-2　知识体系构建框架

一、建立体系化（势+道）

构建知识体系与产品设计一样，需要明确自身的优势和劣势，找到自己感兴趣并愿意深耕的领域，通过系统性的人生规划来制定搭建知识体系的策略。

（1）确定理念和方向。你需要掌握规律、把握人生方向。

（2）找到自己的优势和劣势。对于每个人来说，构建知识体系的出发点各不相同，构建的知识体系也不一样。但必须从自身的兴趣、需求、特长出发，这样你才会有自驱动力去做这件事，或者有压力去持续构建知识体系。例如，你想做自媒体，持续发文是一件辛苦的事，如果你不能从兴趣点出发，就很难持续做下去，更不要说发展了。

（3）把握趋势。趋势有两个层面的意思。

① 被动层面：遇事不纠结，要顺势。

② 主动层面：研究趋势，建立宏观视角。

（4）选择方向：要走广度路线，还是走深度路线？深度路线走哪一个领域？方向的选择恰恰需要你具备对趋势的把握能力，人生方向决定着你是谁。假如你不清楚自己的人生方向，建议在学习的基础上先勇敢地选择一个方向。选择就会有成本，这是人生的矛盾所在，应当勇敢面对。

二、建立流程和准则（法+术）

通过明确的步骤、流程，让构建知识体系的过程有章可循，实现步步为营的效果。明确流程可以解决知识非体系化的问题，根据实践可以持续优化并调整流程，在流程中可以灵活运用各种策略（术），逐渐体系化。

（一）发散

发散是将外部信息吸收到内部的步骤。获取的信息很多、很杂，可能是通过主动搜索、查询得到的，也可能是被动推荐得到的。该阶段在做熵增，吸收的知识是无序的、混乱的，熵代表无序的混乱程度。

在一个孤立的系统中，系统总是自发地向混乱程度增强的方向变化，使整个系统的熵值增大，这就是“熵增”。

你可以使用边界法将一个个知识点扩展成一个知识体系。

（二）收敛

需要先基于兴趣、需求、特长来确定吸收知识的维度，将知识拆解成一个个主题。接着根据主题进行分类，明确哪些信息和知识属于同一类，然后将它们放在一起。

熵减是一个由无序到有序的转化过程，一切生命的自组织化过程都是熵减过程，知识点的收敛是熵减的结果。我们处在一个熵减的生命世界中，学习就是熵减因子，它把个体认知系统外的信息知识整合、内化为个体系统结构化的认知。这是一个从非结构化的资讯信息逐步转化提升为知识乃至智慧的过程，促进熵减发生的基础条件是保持系统的开放性和输入能量。

学习和整合资料的过程就是进一步把资料减少，在读和学的过程中不断地剔除垃圾和无价值的资料。资料的分类管理是第一步，但是远远不够，进行第二次过滤需要对每份资料进行泛读，对资料的价值和优先级进行排序，以制订和确定后期学习的计划和重点。

（三）储存

使用工具将筛选后的知识和信息记录和储存。

（四）整理

在储存知识和信息的过程中，要明确哪些信息是有用的，哪些知识属于初级或高级的，哪些知识已经过时了，哪些信息要进行及时更新。认真整理，发现新的知识就深入研究、做笔记。不断地优化已有的知识体系，并尝试总结、固化现有的知识。

（五）分享

在这个阶段，你已经形成了自己的思维模式和知识体系，可以通过分享来发现问题。在行动之前以小的代价和低门槛来验证自己的知识，即使内化的知识与外部产生联系，进行交流，发现问题并及时完善。

（六）应用

实际运用理论验证的知识，从而真正改变你的生存、生活、人生。很多实践要么会验证知识的正确性，要么会验证知识的不完整性，这是你修复知识体系或对已有知识体系进行创新的好机会。

（七）创造

当你具备了理论基础和现实支持后，思想会逐渐成熟，并形成自己独特的思维模式，掌握的知识体系将不断完善。小说、艺术品、新产品、新技术往往就是在这样的背景下被发明、创作的。

以上七点为知识体系的宏观流程，在实际运用中循环往复、不断构建、变化甚至坍塌，再建构甚至重构。

三、可视化（器）

通过使用文字、工具记录与梳理知识，以可视化的方式达到明确、强化、优化知识体系的目的，可以解决知识获取的非连续性问题。

由于每个人所在的领域不同，应用和创造的过程不一样，所以可视化工具针对的流程主要为发散、收敛、储存、整理、分享 5 个步骤。

主流的可视化工具有以下几种。

（1）发散工具：微信、知乎、豆瓣、果壳、头条、微博、微信等几乎所有的网络工具。

（2）收敛工具：百度搜索、谷歌搜索、搜狗搜索等，豆瓣标签、百度词条类目、亚马逊智能推荐系统等。

（3）储存工具：知乎收藏夹、豆瓣收藏、印象笔记、有道云笔记等。

（4）整理工具：印象笔记、有道云笔记等，你可以用它们保存文字、图片，并不断地整理更新。

（5）分享工具：微信朋友圈、简书、头条号、微博头条等。

（6）创造工具：微信公众号、印象笔记、有道云笔记、头条号、微博头条、简书等。

第三节 产品方法论

笔者总结的产品方法论如图 11-3 所示。

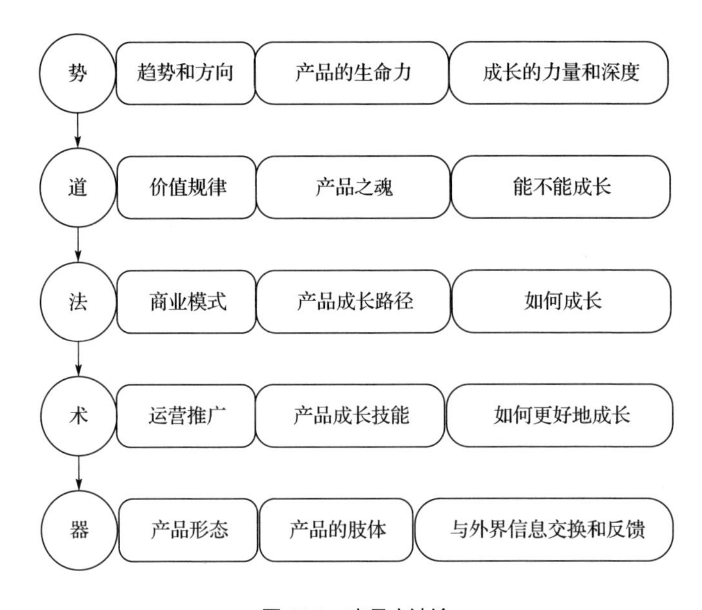

图 11-3 产品方法论

一、势：趋势和方向

“势”代表行业发展的趋势和方向，代表产品生存的土壤和环境，赋予产品成长的力量和深度。当今时代的特征就是变革，即“势”发生了快速变化，顺势则兴，逆势则衰。“势”在企业发展中的权重越来越大，甚至起到决定性作用。

从宏观层面来说，这个时代有哪些变化的“势”呢？可以简单归结为以下3类。

（1）行业环境的变化，如消费升级、产业政策调整、社会变革、人口结构变革等。

（2）新技术的发展，如移动互联网、大数据、云计算、人工智能、区块链等。

（3）技术与应用的融合，如苹果手机、各类 O2O 平台、各类物联网产品等。

当手机从功能机转向智能机时，诺基亚为了保护原有的功能机市场而错过了发展智能机的最佳时机，最终让苹果公司抢得先机，这样的案例比比皆是。

二、道：价值规律

在所处的行业中，你需要摸清整个产业的发展脉络，还需要了解整个产业的发展历史进程，能够掌握这个产业的发展规律，发现行业的发展趋势，发现行业的机会。

“道”是事物发生发展的底层规律，是不会轻易变动的东西，代表产品的魂，即产品的本质和价值。企业要解决的具体问题、要达到的目的和效果、要提供的解决方案都要围绕产品的本质和价值展开。

《启示录：打造用户喜爱的产品》一书中对产品原则的定义为：产品原则是对团队信仰和价值观的总结，用来指导产品团队做出正确的决策和取舍。它体现了产品团队的目标和愿景，是产品战略的重要组成部分。

明确产品原则意味着决定什么重要、什么不重要，哪些原则是根本的、战略性的，哪些原则是临时的、战术性的。

B2C 产品之道就是指满足人性的底层需求，建立微观体感，成为产品高手。产品是一种被动的艺术，一种产品只能在被动中默默地把握每一个微小的主动机会，在每一个接触的瞬间、每一次的交互里，让用户顺畅地深入体验。

如果用户动力不足而要放弃这个产品，你是没有任何办法的。最挑剔的人也是最有防御意识的人。如果产品突然触碰了用户的某根神经，使用户产生防御意识，那么用户流失的概率就会增加。

B2B 产品之道也可以提升产业链各环节的效率或服务。各种垂直领域的产品要考虑各自行业领域的底层逻辑及发展规律，即产品环境之“道”，比如教育行业的企业要遵循教育行业本身的逻辑及发展规律。

产品之道在人情感层次的映射就是人或企业秉承的信念、理念和价值观。

三、法：商业模式

掌握了行业脉络之后，面对机遇，你需要构建一套逻辑来抓住机遇，建立自己的体系，提升自身的行业竞争力，使自己在行业中有所建树。

这里将指导产品落地并实现商业化的根本的战略、方法、指导方针和思路称为“法”。也就是将价值的提供方式、资源的整合方式、实现盈利的方式等整合，设计成一套指导作战的总规则、总制度，即商业模式。

如果说“势”和“道”属于客观地认知世界，那么“法”就属于主观地改变世界。具体来说，就是依据对宏观趋势的洞察和对价值的探寻，以实现最终的商业目标为目的，整合各种资源要素制定清晰的方法、路径和模式。

随着互联网技术的快速发展，社会经济领域诞生了很多新商业模式，传统商业以战术为主体的竞争由此升级为商业模式方面的竞争，比如共享单车的共享经济模式、小米生态链模式等。

很多人认为，有一个好的商业模式就成功了一半，可怎样才算好的商业模式呢？一个好的商业模式一定可以为客户创造最大价值，可以有效地整合企业内外的各种要素，能够形成一个有核心竞争力的运行系统，并获得持续性的利润。

四、术：运营推广

在自己的体系中，运营推广要追求高效、低成本，我们要不断地提升自身的方法和实操水平，追求效果的同时要注重如何不断地提升运营推广水平。

“术”即战术，是实现战略（法）的战术、技术、具体的手段，是执行层面的操作方法。它是一种产品的商业模式从想法变成现实的关键环节，是一系列的保障体系，包括产品的运营及具体的营销推广方式。

产品的“术”可谓千变万化，具体的形式依赖于产品所在的领域及产品自身特质，但核心要服务于产品各阶段的战略目标，比如互联网产品的拉新、促活、留存、转化四大阶段的战略目标，传统的商业广告要达成的品牌影响力目标、市场占有率目标及商业收益目标等。

在互联网时代，随着市场和传播渠道的变化，“术”的层面逐渐地变化和更新，形成了企业即媒体、产品即服务、服务即营销的特点。

五、器：产品形态

要多借助工具的力量，让自己事半功倍。

“器”在狭义上是指工具或产品，这里把能和市场及消费者接触的产品或服务皆称为“器”。

“器”是入口，是和市场及消费者接触的入口，也是信息反馈的渠道，即产品与外界市场环境进行连接、交换，迭代发展的渠道。

六、五元相互关系

“道”“法”“术”引用于老子的《道德经》。

“道”是规则、自然法则，为上乘。

“法”是方法、法理，为中乘。

“术”是行为、方式，为下乘。

如果把产品看作一个生命体，把产品的发展看作生命体的成长壮大过程，那么会形成以下结论。

（1）“势”代表生命体生长蕴含的能量，即生命力，表示生命体成长的力量和深度。

（2）“道”代表产品的魂，表示生命体能不能成长的本质问题。

（3）“法”代表生命体的成长路径，表示如何成长。

（4）“术”代表生命体的成长技能，表示如何更好地成长。

（5）“器”代表生命体的肢体，表示生命体与外界信息的连接和交换。

产品的生命力首先是对“势”和“道”的深刻洞察，其次是对商业模式的合理规划及对产品体系的合理化运营，最后是通过“器”与外界接触、交换。

相对成熟的市场偏重“术”和“器”的竞争。随着市场的升级和价值回归，部分企业重新打造产业链，提升产品价值和自身效率，上升到了“法”的竞争。

在新生领域，市场环境的大变革迸发出很多新的风口和机会，催生了新的商业模式，你可以把控这些风口和机会抢先入局。

1）小米

（1）势（方向趋势）：智能手机大换代 + 消费升级 + 网红电商的流量红利。智能手机的换机大潮首先冲击的是一、二线城市等相对成熟市场，用户群体相对理性、成熟。比如小米手机的用户群注重的是高价值和高性价比。小米同时踩中了三大红利，即产品的新需求、用户的变化、流量的变化，这 3 个时代级的红利一起撑起了小米手机的崛起。

（2）道（价值本源）：高性价比极致体验。

（3）法（商业模式）：硬件 + 互联网 + 新零售，小米的三级火箭模式如下。

① 一级火箭：小米手机，也是头部流量。一级火箭主要是为了获取流量，所以小米手机的利润很低。

② 二级火箭：小米手机拉动的立体化零售渠道。

③ 三级火箭：MIUI 系统、小米云等互联网业务，真正支撑起小米的利润及智能化未来。

（4）术（营销传播）：粉丝社群营销 + 网络营销 + 口碑传播。

（5）器（产品形态）：高性价比手机 + 快速迭代 + 社群服务。

2）OPPO/vivo

（1）势（方向趋势）：县、乡市场的线下换机潮。

（2）道（价值本源）：高颜值、强娱乐情感体验。

（3）法（商业模式）：渠道下沉。从中国整个商业格局来看，虽然电商占商品零售总额的百分比在逐年增加，但是仍有很大比例的人会选择线下购物。当换机大潮下沉到三、四线城市和农村等非成熟市场时，消费场景更多的是线下渠道，用户偏感性思维。OPPO 和 vivo 快速做了渠道下沉，下沉到了中国六、七线市场（县和镇的级别），并实现了稳步的增长。

（4）术（营销传播）：明星广告 + 导购促销 + 代理商合作。

（5）器（产品形态）：高颜值手机，OPPO 和 vivo 的用户体验很好，它们的 OS 做得很好。OPPO 和 vivo 的用户群大多以三、四线城市的女性群体为主，她们更在乎的是手机的高颜值和强娱乐属性。

不连续性已经成为市场的常态，每家企业都随着市场环境的不连续性进行产品周期的持续循环演进。一轮变革的胜利并不代表永久的胜利，能在每一轮变革中生存下去才是评价一家企业好坏的终极标志。

第四节　个人职业发展

跟朋友聊天，当谈到收入时，他愤愤地说："我们公司在西安挖了一个团队，平均薪资为年薪百万元起。而我们在北京的这些人，一部分人的能力比他们还要强，同样是做着公司的旗舰项目，拿到的薪资还赶不上一部分应届生的起始薪资。"这个话题很现实，也是很多企业老员工面临的问题，这引出了个人能力在社会上的市场定价问题。关于个人收入，主要受以下 4 个方面的影响。

（1）初始定价：员工入职时的工资水平很大程度上会决定员工未来收入的多少。

（2）相对竞争优势：个人能力或经历的不可取代性。

（3）产业市值及从业人数的比例。

（4）岗位对产业的贡献度。

一、你的初始价值

在上面的例子中，那位朋友属于老员工，一部分初始工资会折算为公司期权，每月实际拿到的工资普遍偏低。公司上市后的涨薪幅度完全依赖公司的薪资制度，除非员工可以为公司做出突出贡献，否则很难实现跳跃式涨薪。产品定价也是同样的道理，如果你想调高产品的售价，就必须先调整服务或产品架构，否则消费者很难为高溢价买单。

企业员工通过出售自身资源获取报酬，这些资源包括个人的时间、脑力、体力、外貌甚至风险。

外貌对收入的影响程度同行业属性和职能相关，服务行业对外貌的要求普遍较高，其他行业对外貌的要求相对较低。每个人能够出售的时间和体力差不多，单纯出售时间和体力几乎不可能获得超额的回报。

为了让自己的收入更高，你最好提升自己的脑力资源。从本质上来讲，财富是基于智力的变现。要成为顶级“猎食者”，你的大部分时间应该花在蓄能和等待时机上。

二、相对竞争优势

2020 年年末，荣耀脱离华为独立经营，这对于从事手机行业的个体来说绝对是一个利好消息。

同时，荣耀手机芯片由海思平台全面切向高通平台。由于相关技术及人员储备不足，荣耀公司因此高薪从同行挖人，中等水平的研发人员年薪百万元起步，工资至少翻了 3 倍，股票期权未来可期。

单从能力属性上来说，这些人的综合能力及认知水平未必很高，但是手机行业具备较高的入局门槛，人才培养成本高且具有稀缺性，供需情况决定收入水平，他们的相对竞争优势较高，因此他们的个体获利丰厚。

三、高产业市值

梁宁在产品思维课程中讲过一个案例，有一对双胞胎，2010 年一起大学毕业，一个人加入腾讯，另一个人进入报社。

7 年之后，去腾讯的那个人已经是年薪百万元，而且有很多猎头在挖他，甚至连投资人也在挖他，只要他出来创业就给他投资。去报社的那个人，因为报社经营不景气，他曾经寄托理想的整个产业都没有了，一切都需要重来。

这里不是说双胞胎的素质或能力有多大差异，也不是说他们分别跟随的领导的能力或个人操守有问题。核心问题是这两个单位所附着的经济体，一个在快速崛起，一个在没落。

选工作首先要选行业、选赛道，一个市值更大的行业，科技成分通常比较高，从业人数一般相对较少。对于刚毕业的学生来说，如果可能，可以先选择在行业中的头部企业锻炼几年，学一些套路，提升自己在行业内的核心竞争力，为未来争取尽可能多的主动权。对于职场老人来说，可以换行或换岗，换一个对产业贡献更大的岗位，如行政转销售、转研发。

一个人要想获得成功就必须满足 3 个条件：努力、能力、高增长行业时机点的进入。前两个条件是成功的基本要素，第 3 个条件决定了发展的高度和速度。所以，你一定要具有行业研究的思维，把握产业快速上升的关键机会。一个人要想稳定发展，最好是不断地寻找好的赛道，或者找一条长长的坡滚雪球，如无必要则不要去爬一座陡峭的悬崖。因为用同样的力气，爬悬崖可能只爬了 10 米，滚雪球则可能已经滚了 100 米了。

四、个人职业发展

个人职业发展可以分为 4 个层次，如图 11-4 所示。

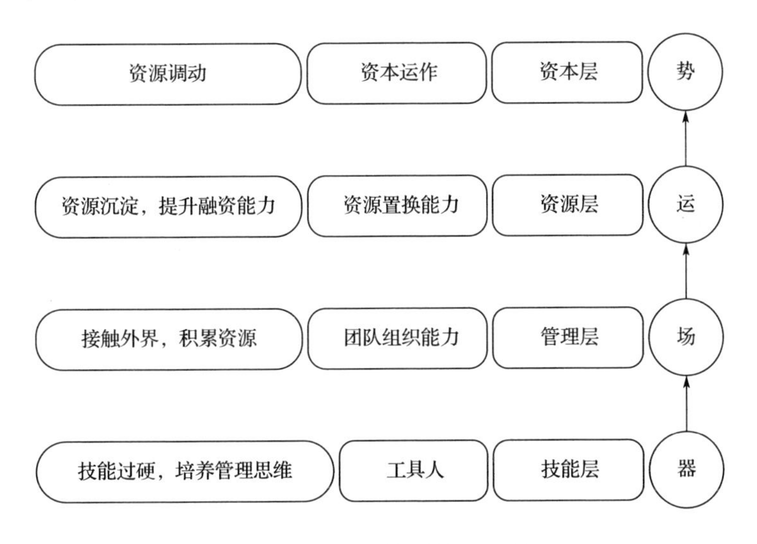

图 11-4　个人职业发展的 4 个层次

（一）技能层（器）

人们在步入职场的初期基本会处于技能层阶段，这里的技能是广泛的，并不单指一项专业技能，销售、人事、财务也是技能。处于这个阶段的人本身是工具人、技能人，使用技能换取酬劳。

随着自身技能的不断提升、成熟，人们也会经历技能的横向、纵向拓展。横向拓展是对核心技能的丰富，如编辑人员学会了设计，就可以成为美编。纵向发展是一项工作的前置、后置流程任务的拓展，如做新媒体工作，不仅要会写，还要会推广。

在技能层阶段，你一定要敏而好学、不断进取，不断丰富自身的技能，自身的核心专业技能一定要非常突出。要不断学习管理方面的知识，提升自身的管理能力和素养。技能过硬，又有管理思维，你才能晋升到管理层。

（二）管理层（场）

如果一名员工技能过硬，又有管理思维，那么进入管理层是必然的，管理层不仅要具备良好的执行力，更重要的是要具备对团队执行力的组织能力。

在这个阶段，你要注意多接触外界，如行业会议、合作企业的管理层等。与外界的接触是积累资源的重要手段，认识的人越多，自身的初始资源就越丰富，经过长时间的沉淀和积累，你就会进入资源层。

（三）资源层（运）

关系和资源不同的是，关系需要维护，而资源需要置换。在个人职业发展中，员工应当注重自身价值是否足够高，是否可以成为目标资源。

自身价值是资源置换和资源维护的重要方式，资源沉淀与积累的目的是不断提升自身的融资能力，你一旦具备了融资能力，就会进入资本层。

（四）资本层（势）

资本决定了商业公司的成败，不断地注入资金可以帮助项目度过危险的发展期进入成熟期。

投资、融资的知识与经验在这个阶段是会不断增长的，人们在利用资本将自身发展起来之后，会随之做一系列投资，不断地进行资本扩张。投资看重的就是人，对结果可控的是投资，对结果不可控的是赌博。结果可不可控取决于你对融资人的判断，调研的就是融资人在技能层、管理层、资源层 3 个阶段中的表现。

参考文献

[1] 贾伟 . 产品三观 [M]. 北京：中信出版社，2021.
[2] 张在旺 . 有效竞品分析：好产品必备的竞品分析方法论 [M]. 北京：机械工业出版社，2019.
[3] 刘劲松，胡必刚 . 华为能，你也能：IPD 重构产品研发 [M]. 北京：北京大学出版社，2015.
[4] 利 • 考德威尔 . 价格游戏：如何巧用价格让利润翻倍 [M]. 钱峰，译 . 杭州：浙江大学出版社，2017.
[5] 艾伦 • 科恩 . 硬件产品设计与开发：从原型到交付 [M]. 武传海，陈少芸，译 . 北京：人民邮电出版社，2021.
[6] 小米生态链谷仓学院 . 小米生态链战地笔记 [M]. 北京：中信出版集团，2017.
[7] 黎恢来 . 产品结构设计实例教程 [M]. 北京：电子工业出版社，2015.
[8] 李亦文，黄明富，刘锐 . CMF 设计教程 [M]. 北京：化学工业出版社，2019.
[9] 赵占西，黄明宇 . 产品造型设计材料与工艺 [M]. 北京：机械工业出版社，2016.
[10] 迈克尔 • E. 麦格拉思 . 培思的力量：产品及周期优化法在产品开发中的应用 [M]. 答智群，朱战备，译 . 上海：上海科学技术出版社，2004.
[11] 金错刀 . 爆品战略：39 个超级爆品案例的故事、逻辑与方法 [M]. 北京：北京联合出版公司，2016.
[12] 高雄勇 . 我在小米做爆品：让用户觉得聪明的产品才是好产品 [M]. 北京：中信出版集团，2020.
[13] 王坚 . 结网 @ 改变世界的互联网产品经理 [M]. 北京：人民邮电出版社，2013.
[14] 克莱顿 • 克里斯坦森，等 . 创新者的任务 [M]. 洪慧芳，译 . 北京：中信出版集团，2019.
[15] 马丁 • 卡根 . 启示录：打造用户喜爱的产品 [M]. 七印部落，译 . 武汉：华中科技大学出版社，2017.